排毒 紓壓
打造輕體質

「128 道清爽料理
徹底淨化身體」

程安琪／著
營養師 陳怡錞／審定

Contents ｜目錄

hapter ／ 五穀雜糧

hapter ／ 根莖瓜果

3 Chapter ／ 肉類

4 Chapter ／ 海帶與海鮮

P74 牛肉鮮菇炊飯

P86 海帶五絲

Contents | 目錄

7 chapter ／ 豆腐與雞蛋

P28 雙味苦瓜

P55 蘋果沙拉

P60 泰式雞肉沙拉

P120 脆蘆筍佐鮪魚醬

★★ 因個人體質不同，各項食材的預防疾病資訊僅供參考，如有身體不適建議求助專業醫師。

$\bigcirc$hapter 1

五穀雜糧

比起現代人常吃的精緻食物，原始純粹的五穀雜糧更有營養價值。穀類富含蛋白質、不飽和脂肪酸、維生素、礦物質和膳食纖維等，具有能夠提供身體能量、幫助消化、排除體內毒素等功效。

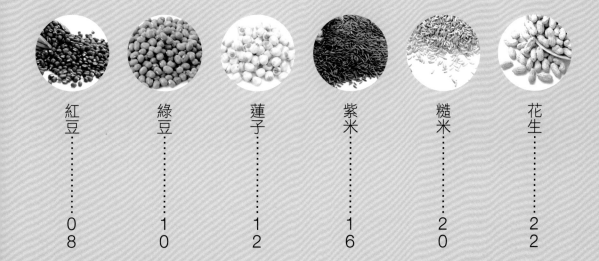

紅豆

🍃 功效

補血、利尿、消腫排膿、通小腸、消熱解毒、治瀉痢、止渴、解酒、通乳、下胎、使人氣色紅潤、強化體力等。

🍃 成分

醣類、蛋白質、膳食纖維、維生素 B1、B6，菸鹼酸、葉酸、維生素 E、鉀、鈣、鎂、鐵、磷、鋅等。

🍃 產季

冬季（12～1月）

🍃 預防疾病

貧血、水腫、高血壓、心血管疾病。

🍃 挑選原則

顏色較深、果粒飽滿、密度高、重量較重、無生蟲的紅豆較佳。

冬瓜紅豆湯

材料

- 紅豆 ½ 杯
- 薏仁 ½ 杯
- 冬瓜 400 公克
- 香菇 5 朵
- 薑 2 片
- 陳皮 1 ～ 2 片
  （或陳皮絲少許）

做法

1. 紅豆洗淨，泡適量的水5小時。薏仁洗淨；香菇沖洗一下；冬瓜去籽，連皮切成塊。
2. 湯鍋中放6杯水，放入紅豆、薏仁、香菇和薑，煮20分鐘左右。加冬瓜和陳皮再煮約20分鐘，關火、加適量鹽調味，繼續燜5 ～ 10分鐘使冬瓜入味、紅豆粒軟且完整。

紅豆香米飯

材料

- 紅豆 ⅓ 杯
- 香米（免浸泡的有機糙米）2 杯
  （或其他的胚芽米、糙米）

做法

1. 紅豆洗淨後，用適量的水浸泡2小時；瀝乾水分，加1杯水和1茶匙鹽，放入電鍋蒸10 ～ 15分鐘（蒸至剛熟即可，不要蒸至有裂口）。
2. 香米洗淨，加上2杯水及蒸過的紅豆，放入電鍋煮熟即可。

9

綠豆

功效

消暑、止渴、利尿、下氣、解毒、健胃、清熱、消腫、降血脂、降膽固醇、明目之功效。

成分

醣類、蛋白質、膳食纖維、維生素 A、β-胡蘿蔔素、維生素 B1、B2、B6、菸鹼酸、葉酸、維生素 E、鉀、鈣、鎂、鐵、磷。

產季

夏季（6～7月）。

預防疾病

高血壓、中暑、青春痘、食物中毒。

挑選原則

外皮無發黃、果實飽滿、破碎少、無蟲蛀、無霉爛。

綠豆稀飯

材料

- 綠豆 ¼ 杯
- 白米 1 杯

做法

1. 綠豆洗淨之後加適量的水先泡4小時，再洗一下，備用。
2. 米洗淨，加綠豆和8杯水，大火煮滾。
3. 稍微攪拌後，改以小火煮30分鐘，攪動一下，關火、燜15～20分鐘。

綠豆薏仁湯

材料 　　調味料

- 綠豆 300 公克　　• 黃砂糖適量
- 珍珠薏仁米 150 公克

做法

1. 綠豆洗淨，泡適量的水，4小時後瀝乾水分；珍珠薏仁米洗淨，瀝乾。
2. 鍋中加4杯水，放下綠豆，煮30分鐘後加入珍珠薏仁米和4杯水，再煮30分鐘，熄火加入黃砂糖，蓋鍋蓋燜半小時（可以用電鍋來煮更方便）。

蓮子

功效

安神、舒緩壓力、滋養補虛、止遺澀精、降血壓、清熱降火、止渴、治脾泄久痢。

成分

醣類、蛋白質、膳食纖維、鉀、鈣、鎂、鐵、磷。

產季

夏季（5～9月）

預防疾病

失眠、多夢、焦躁、腹瀉、高血壓。

挑選原則

外觀完整無破裂，顏色米黃、蒂頭褐色、摸起來結實、表面有一層滑溜的薄膜，聞起來有一股果實的清雅香氣。

百合蓮棗湯

材料
- 百合 1 杯
- 新鮮蓮子 200 公克
- 紅棗 15 粒

調味料
- 蜂蜜適量
  （或冰糖少許）

作法
1. 紅棗加5杯水，放入電鍋蒸半小時。再將洗淨的蓮子加入，蒸20分鐘。
2. 加入洗淨、剪除褐色邊緣的百合，再蒸5分鐘即可，食用時加蜂蜜調勻。

Tips
- 如果用乾百合要先泡適量的水2～3小時，再用滾水汆燙1分鐘，和蓮子同時入鍋蒸燉。

銀耳紅棗蓮子湯

Tips

- 如用乾蓮子，需泡適量的水6～8小時燙煮一遍後，再和紅棗一起加入銀耳中，慢慢煮至軟化，約煮30～40分鐘。如果用新鮮蓮子，只要洗淨，放入湯鍋中煮滾，改小火煮15分鐘就夠軟爛。

材料

- 白木耳 10 公克
- 紅棗 20 粒
- 新鮮蓮子 1 杯

調味料

- 冰糖適量

做法

1. 白木耳加適量的水泡軟，剪去黃色蒂頭部分，如仍有微酸的氣味，再以熱水沖洗浸泡一下；紅棗用冷水沖洗一下。
2. 白木耳加10杯水，放入快鍋中煮至氣閥升起，改小火煮20分鐘，或以電鍋煮1.5小時至白木耳變軟。
3. 放入紅棗和冰糖，煮30分鐘，最後加入新鮮蓮子，再煮15分鐘。

桂圓紅棗蓮子湯

Tips
- 桂圓肉和紅棗都有甜味,因此加糖前要嘗一下味道。

材料
- 桂圓肉 50 公克
- 紅棗 25 粒
- 蓮子 300 公克

調味料
- 黃砂糖適量

做法
1. 紅棗沖洗一下,放入鍋中加6杯水,小火熬煮30分鐘。
2. 放入蓮子和桂圓肉,再煮10 ～ 15分鐘至蓮子夠軟且桂圓肉已脹開後,加黃砂糖調味。

紫米

功效

益氣補血、暖胃健脾、滋補肝腎、養顏美容、止瀉。

成分

醣類、蛋白質、膳食纖維、維生素 B1、B6，菸鹼酸、葉酸、維生素 E、鉀、鎂、鐵、磷、鋅、花青素。

產季

一年四季

預防疾病

脾胃虛弱、體虛乏力、貧血、早洩、滑精、腹瀉、衰老。

挑選原則

米粒大而飽滿、顆粒均勻、有明顯米香。市面上有些是經過染色的假紫米，用手搓搓看，如果顏色會被搓下來，那便是假的，須當心。

黑糖紫米糕

材料

- 紫米 300 公克
- 圓糯米 300 公克
- 熟芝麻 3 大匙

調味料

- 黑糖 150 公克
- 黃砂糖 75 公克
- 葡萄乾 3 大匙

做法

1. 紫米洗淨用450c.c.的水（約2杯）泡一晚上，再將圓糯米洗淨，加入紫米中。

2. 電鍋外鍋放入1½杯的水，將做法1的材料連水直接放入電鍋中蒸熟，續燜半小時，趁熱拌入調味料。

3. 備一模型，鋪上保鮮膜後，將拌好的紫米置入模型中，並壓緊實，最後撒下芝麻，靜待1小時後，再切塊分食。

Ｔips

- 若無模型，亦可將紫米做成其他造型，如搓成圓球狀，沾點冷開水，再裹滿芝麻。

白果紫米薏仁粥

Tips
- 白果可以買到真空袋裝或是罐裝，也可以買到乾貨。袋裝或是罐裝的都要漂洗數次或是燙煮一下再用；乾貨要泡適量的水8小時再煮至軟，其中以新鮮的最有香氣。

材料

- 新鮮白果 20 粒
- 紫米 2 杯
- 珍珠薏仁米 1 杯

調味料

- 糖適量

做法

1. 白果敲開外殼，浸泡在熱水中10分鐘，待水冷後剝去外殼，並剝去紅色薄膜。

2. 紫米洗淨，浸泡在3杯水中約4小時；珍珠薏仁米洗淨，泡適量的水1小時，瀝乾水分後，將紫米連水一起放入電鍋中，外鍋中加1杯水，煮熟。

3. 鍋中加5杯水，再放入所有材料，邊煮邊攪拌，加糖再煮15分鐘成甜湯。

椰香紫米露

Tips

- 紫米具有很高的營養價值，傳說在古代是皇帝食用的貢米，直接食用易因其黏性導致消化不良，可加入蓮子、麥片等混煮，常拿來做甜湯。

 材料

- 紫米 300 公克
- 圓糯米 150 公克
- 椰漿 1 罐

調味料

- 白糖適量

做法

1. 紫米洗淨，加3杯水泡4小時；圓糯米洗淨，放入紫米中，連泡紫米的水一起放入電鍋中煮成飯（外鍋放1杯水）。
2. 在湯鍋中煮滾6杯水，加入紫米飯攪動，以中小火熬煮5分鐘。
3. 加入椰漿再煮滾，邊煮邊攪動，加白糖調味，視喜愛的濃稠度，可以加水稀釋。

糙米

功效
健胃、健脾、清腸、止瀉、鎮靜。

成分
醣類、蛋白質、膳食纖維、維生素 B1、菸鹼酸、維生素 E、鉀、鎂、磷、鋅。

產季
一年四季

預防疾病
便祕、消化不良、高血脂、心血管疾病。

挑選原則
外表光澤、大小均勻、有米香、不帶霉味、摸起來不油膩無粉質、不易碎。

燕麥養生粥

 材料

- 糙米 3 大匙
- 燕麥 2 大匙
- 蕎麥 2 大匙
- 紅糯米 2 大匙
- 高粱 2 大匙
- 紅薏仁 2 大匙
- 稞麥 2 大匙
- 紅棗 8 顆

 做法

1. 將各式雜糧備妥，洗淨後，用8～10杯的水浸泡一個晚上。
2. 將做法1的雜糧先置放在瓦斯爐上煮15分鐘後，再移入電鍋續蒸半小時，開關跳起後再燜1小時，至湯汁呈黏稠狀便可。

Tips

- 本書所介紹的是無糖原味雜糧粥，可品嘗出雜糧的自然風味，並能替代白米飯。喜食甜味者，可用含鐵質的黑糖來調味，比加砂糖更為理想。

花生

🌿 功效

清咽止咳、潤肺化痰、補氣、滋養秀髮、改善營養不良、潤脾胃、止血。

🌿 成分

脂肪、蛋白質、醣類、膳食纖維、維生素 B1、B6，菸鹼酸、葉酸、維生素 E、維生素 K、鈉、鉀、鎂、鐵、磷、不飽和脂肪酸、膽鹼、白藜蘆醇。

🌿 產季

夏季（6～8月）
冬季（11～1月）

🌿 預防疾病

咳嗽、食慾不振、產婦奶水少、高血脂症、心血管疾病、出血性疾病、皮膚紫斑症、腳氣病、皮膚病。

🌿 挑選原則

外殼紋路清楚而深、顆粒形狀飽滿、豆粒完整、表面光潤、沒有外傷與蟲蛀或白細粉。

花生湯

Tips
- 也可以用電鍋來蒸花生，外鍋放2杯水，煮好後燜至降溫，再加2杯水，再蒸煮一次即可。

材料
- 花生 600 公克

調味料
- 糖 250 公克

做法
1. 花生洗淨，泡適量的水3～4小時，瀝乾水分，放入塑膠袋中，再放入冷凍庫中，冷凍一夜。
2. 將花生用滾水汆燙一下，瀝乾水分，剝去花生膜。
3. 快鍋中加入10杯水，放入花生，煮滾後改小火煮25～30分鐘，關火，自然降溫。打開鍋蓋，趁熱放入糖調味。

2 chapter

根莖瓜果

多數瓜果類熱量不高、清熱解毒，適合炎炎夏日食用。而根莖類蔬菜含有澱粉，能夠提供人體較多熱量，其中含有維生素 A、維生素 C 等營養，可以增強禦寒能力，適合冬天食用。

苦瓜

功效

清熱解毒、降血糖、減肥、降火、養顏美容、通便、清心明目、抗疲勞。

成分

醣類、膳食纖維、維生素C、葉酸、鉀、鈣、鎂、磷、銅、皂素、苦瓜鹼。

產季

冬春（1～3月）
夏秋（6～12月）

預防疾病

糖尿病、心血管疾病、中暑、瘡腫。

挑選原則

果體端正、果面潔白、顏色光澤明亮、瘤狀突出需明顯、不受蜂咬蟲蛀，外觀無裂開。

鹹蛋炒苦瓜

材料

- 苦瓜 300 公克
- 熟鹹鴨蛋 2 個
- 蔥 1 支
- 紅辣椒 1 支

調味料

- 鹽 ¼ 茶匙
- 糖 ½ 茶匙

做法

1. 苦瓜對剖後去籽，切成厚片，用熱油炸20秒鐘後撈出，過一下熱水。（也可以用少量油把苦瓜炒軟）。

2. 鹹鴨蛋去殼，把蛋白和蛋黃分別切小塊，蛋白略小一點。

3. 蔥切段；紅辣椒切片。

4. 燒熱1½大匙油，放下蔥段先炒香，加入苦瓜、鹹蛋和紅辣椒，放入調味料和4大匙水，大火炒勻，湯汁收乾便可。

雙味苦瓜

材料

- 苦瓜 1 條
- 蔥 1 支
- 大蒜 1 ～ 2 粒
- 紅辣椒 1 支
- 香菜 1 支

調味料（1）

- 醬油 1 大匙
- 番茄醬 1 大匙
- 醋 2 大匙
- 糖 2 茶匙
- 鹽少許
- 麻油 2 茶匙

調味料（2）

- 美乃滋 3 大匙
- 番茄醬 1 大匙

做法

1. 苦瓜直剖開，挖除瓜籽，再直切成兩半，由正面打斜刀、片切成薄片，泡入水中，放入冰箱冰2小時。
2. 蔥切碎；大蒜磨泥；紅辣椒去籽、切碎；香菜切細末。
3. 將4種辛香料和調味料（1）調勻，做成五味醬。
4. 調味料（2）調勻做成千島沾醬。
5. 苦瓜瀝乾水分，再用紙巾吸乾水分。拌五味醬的苦瓜，最好拌了之後，放置1小時使其入味。千島醬則沾食即可。

Tips

- 深綠色的山苦瓜比較苦，白色的苦瓜比較脆而不苦。要選表面顆粒光滑、沒有皺紋的比較新鮮。
- 苦瓜挖除瓜籽後，可以由內部片切掉硬囊，使苦瓜有較脆嫩的口感，如不切除也可以，苦瓜吃起來會比較老硬。
- 準備時間較短時，可以用冰水浸泡苦瓜，使苦瓜口感較脆。

鳳梨拌苦瓜

材料

- 苦瓜 300 公克
- 新鮮鳳梨 150 公克
- 子薑片 1 大匙

調味料

- 黃芥末粉 1 茶匙
  （或綠芥末粉）
- 橄欖油 2 大匙
- 味醂 1 茶匙
- 檸檬汁 1 茶匙
- 蜂蜜 1 大匙
- 鹽適量

做法

1. 苦瓜切薄片，放入95℃的熱水鍋浸泡1分鐘，撈出後用冰水沖涼、瀝乾。
2. 新鮮鳳梨切片；調勻調味料，與苦瓜、鳳梨片、子薑片一起拌勻。

香菇燒苦瓜

材料

- 苦瓜 1 條
- 香菇 3 個
- 薑片 3 片

調味料

- 醬油 2 大匙
- 冰糖 2 茶匙

做法

1. 苦瓜去籽、切成小塊；香菇泡軟、切片。
2. 用2大匙油略煎香薑片和香菇，待香氣透出後放下苦瓜，再炒一下，放下調味料和1杯水燒至入味（苦瓜熟透）即可。

五味苦瓜

Tips

可以用五味醬直接拌苦瓜，拌勻後放置1小時使其入味。

材料

- 苦瓜 ½ 條
- 蔥 1 支
- 大蒜 1～2 粒
- 紅辣椒 1 支
- 香菜 1 支

調味料

- 醬油 1 大匙
- 番茄醬 1 大匙
- 醋 2 大匙
- 糖 2 大匙
- 麻油 2 大匙
- 鹽少許

做法

1. 苦瓜剖開，挖除瓜籽，由正面打斜切成薄片，泡入水中，放入冰箱冰2小時（或以冰水來泡）。

2. 蔥切碎；大蒜磨泥；紅辣椒去籽、切碎；香菜切細末，全部材料和調味料調勻，完成五味醬。

3. 苦瓜瀝乾水分，再用紙巾吸乾水分，裝盤，附五味醬沾食。

梅菜蒸苦瓜

材料

- 苦瓜 2 條
  （約 400 公克）
- 梅乾菜 200 公克
- 香菇 50 公克
- 麻油 ½ 大匙

調味料

- 蠔油 2 大匙
- 糖 1 大匙
- 薑末 1 大匙

做法

1. 苦瓜洗淨，切半，用大湯匙刮去籽和薄膜，放入沸水中氽燙，瀝乾備用。
2. 梅乾菜泡水，洗淨細沙，擠乾水分後切碎；香菇泡軟，去蒂，剁碎。
3. 將梅乾菜、香菇和調味料拌勻，一起放入蒸鍋，蒸約15分鐘至梅乾菜軟，取出後拌入麻油。
4. 將做法3的梅乾菜和香菇填入苦瓜中，再移入蒸鍋，以中火蒸約1.5小時即可。

Tips

- 挑選苦瓜時，選顆粒粗大的比較不苦。
- 去除苦瓜的苦味有幾種方式，苦瓜內的白膜一定要處理乾淨；苦瓜切片後，用少許的鹽抓拌放置約5分鐘，沖水瀝乾再烹調；或是略將苦瓜氽燙可除去部分苦味。
- 蒸菜的時間比較長，可利用電鍋來蒸，鍋中放入3杯水，隔水蒸，蒸好後燜一下再取出。

鳳梨苦瓜雞湯

材料

- 土雞 ½ 隻
  （或半土雞）
- 苦瓜 1 條
- 醃鳳梨 1 杯
- 丁香魚 1 小把
- 蔥 1 支
- 薑片 3 片

調味料

- 酒 1 大匙
- 胡椒粉少許

做法

1. 土雞剁成塊，用滾水汆燙一下，撈出洗淨；苦瓜剖開，去籽，切成塊狀；丁香魚用水沖一下。

2. 湯鍋中煮滾6杯水，放下雞肉塊和蔥、薑片、酒，煮滾後改小火，燉煮約30分鐘。

3. 將醃鳳梨連汁和苦瓜、丁香魚一起加入湯中，再以小火煮約20 ～ 30分鐘至喜愛的軟爛程度，嘗過味道，看是否需要加鹽調味，撒下胡椒粉即可。

Tips
- 台灣的醃鳳梨味道跟苦瓜很搭，配在一起煮雞湯清鮮又美味，即使不吃苦瓜的人也都會愛上這味湯！
- 燉雞湯時火候要小，湯才會清，但也不能太小，要保持湯的滾動，才能燉出雞的鮮味。

南瓜

🍃 功效

補中益氣、消炎止痛、解毒殺蟲、潤肺、健脾胃。

🍃 成分

醣類、蛋白質、膳食纖維、維生素 A、β- 胡蘿蔔素、維生素 B6、菸鹼酸、葉酸、維生素 C、維生素 E、鉀、磷、銅、鉻、微量元素鈷、甘露醇、葉黃素。

🍃 產季

春～秋（3～10 月）

🍃 預防疾病

男性攝護腺肥大、夜盲症、胃潰瘍、便祕、大腸癌、糖尿病、高血壓。

🍃 挑選原則

黃南瓜皮金黃、綠南瓜綠得發黑、有油亮斑紋、表面稜紋深、瓜瓣鼓、頂部連著一段梗（較易保存），該段梗手感若夠硬，證明南瓜採摘時機較合適。

南瓜濃湯

Tips

- 南瓜湯如果加滾水打成泥便可不再煮沸、直接飲用，這樣不僅可以保存較多的營養成分，也不必再加鹽調味。

材料

- 南瓜 300 公克
- 馬鈴薯 50 公克
- 椰漿少許

調味料

- 鹽少許

做法

1. 南瓜整塊連皮、連籽和馬鈴薯一起蒸熟。
2. 蒸熟的南瓜去皮、去籽；馬鈴薯趁熱剝掉外皮，切成小塊，加入水200c.c.，用果汁機打成泥。打好的南瓜泥倒入鍋中，煮至再滾即可加鹽調味，倒入碗中，淋上椰漿以增加香氣。

煮南瓜

材料

- 南瓜 ½ 個
- 乾栗子 1 小把
- 薑絲 2 大匙

調味料

- 鹽少許

做法

1. 栗子泡水一個晚上，用牙籤將縫隙裡紅膜挑乾淨。（新鮮栗子不用泡水，先蒸15分鐘再用）
2. 用刷子將南瓜表皮刷乾淨，連皮切滾刀塊。
3. 起油鍋先爆香薑絲，再放入南瓜和栗子，翻炒至南瓜表皮變色，加入鹽和1杯水，蓋上鍋蓋、燜到南瓜熟透。

拌南瓜片

材料

- 南瓜 ¼ 個
- 薑末 1 茶匙

調味料

- 淡色醬油 1 茶匙
- 味醂 1 大匙
- 味噌 1 茶匙
- 麻油少許

做法

1. 南瓜連皮刷洗乾淨，剖開、去籽，切成薄片，放入95℃的開水鍋中燙30秒鐘，撈出，瀝乾水分。
2. 調味料調勻，拌入薑末和南瓜片，攪拌均勻即完成。

冬菜肉丸蒸南瓜

材料
- 絞肉 300 公克
- 冬菜 2 大匙
- 南瓜 250 公克
- 板豆腐 ½ 塊

調味料
- 蔥末 1 大匙
- 薑泥 ½ 茶匙
- 水 1 大匙
- 醬油 1 大匙
- 鹽 ¼ 茶匙
- 麻油少許
- 蛋液 ½ 個
- 太白粉 1 大匙

做法
1. 絞肉用刀剁至稍有黏性，置於大碗中。
2. 冬菜切細末；板豆腐壓成泥，和調味料一起加入絞肉中，仔細攪拌至有彈性。
3. 南瓜削皮，切成厚片。放入蒸盤內墊底。
4. 做法2的肉餡擠成肉丸狀，放在南瓜上。
5. 放入蒸鍋以大火蒸15分鐘左右，至熟便可關火。

奶油南瓜湯

材料

- 南瓜 400 公克
- 馬鈴薯 200 公克
- 洋蔥 100 公克（切絲）
- 青蒜 60 公克（切絲）
- 奶油 2 大匙
- 雞高湯 6 杯
- 月桂葉 1 片
- 鮮奶油 3 大匙
- 烤麵包丁適量

調味料

- 鹽適量
- 白胡椒粉適量

做法

1. 南瓜和馬鈴薯分別削皮，切成片。
2. 奶油融化後將洋蔥絲和青蒜絲先炒一下，香氣透出後加入雞高湯、月桂葉，放入南瓜和馬鈴薯，煮至2種食材都已變軟，關火。
3. 取出月桂葉，用果汁機將南瓜及馬鈴薯連湯汁打成細泥狀，倒回鍋中再煮滾，加鹽和白胡椒粉調味，關火，加入鮮奶油攪勻。
4. 盛入碗中後撒數粒麵包丁在湯上。

Ｔips

- 加馬鈴薯可以增加綿細濃稠的口感，熱量較低，也比較健康。和南瓜的比例可自己調整，也可以用油炒麵粉來勾濃湯汁。

百合南瓜湯

Tips
- 市場中有日本進口的百合，存放在木屑中保鮮，百合瓣較厚；也有從大陸進口，百合瓣較薄而小，煮1分鐘就可以了。

材料
- 南瓜 600 公克
- 百合 1 球

調味料
- 黃砂糖適量

做法
1. 南瓜刷洗外皮，對剖開後去除南瓜子，再切成塊，加水煮至軟；百合一瓣一瓣分開，沖洗乾淨，將褐色的邊緣剪除或以小刀削除。
2. 南瓜煮軟後放下百合，再煮2～3分鐘，至百合變透明。
3. 放入黃砂糖，小火慢慢攪至融化。

地瓜

功效
健脾胃、強腎陰、治血虛、消除疲勞、增強體力、促進腸胃蠕動、排毒。

成分
醣類、蛋白質、膳食纖維、維生素 A、β-胡蘿蔔素、維生素 B 群、維生素 C、鉀、磷、銅、硒。

產季
依品種有別,多半為春夏季(3～9月)

預防疾病
便祕、大腸癌、心血管疾病。

挑選原則
外觀完整無損傷、無蟲蛀、無腐爛、無黑洞、鬚根的凹陷需等間隔,鬚根不要太多(代表接近發芽),凹陷處越淺甜度越高、凹陷處越深則味道香氣佳。

地瓜稀飯

材料

- 地瓜 300 公克
- 白米 1 杯

做法

1. 地瓜削皮後剁成大滾刀塊；白米洗淨，一起放入鍋中。
2. 加8杯水，以大火煮滾後攪動一下，改小火煮約30 ～ 35分鐘。
3. 關火燜10分鐘即可。

山藥地瓜湯

材料

- 山藥 150 公克
- 紅心地瓜 150 公克
- 紅棗 10 顆
- 薑 2 片

調味料

- 蜂蜜適量

做法

1. 山藥和紅心地瓜分別切成滾刀塊。
2. 地瓜加適量水、紅棗和薑片，用中火煮透。
3. 加入山藥再煮1分鐘。
4. 食用時調入適量的蜂蜜即可。

糖醋土豆地瓜

材料
- 馬鈴薯（土豆）絲
  1 杯
- 黃心地瓜絲 1 杯
- 胡蘿蔔絲 2 大匙
- 香菜適量
- 白芝麻 ½ 大匙

調味料
- 淡色醬油 1 茶匙
- 檸檬汁 1 大匙
- 蜂蜜 2 茶匙
- 麻油 ½ 大匙
- 鹽 ¼ 茶匙

做法
1. 將馬鈴薯絲、黃心地瓜絲和胡蘿蔔絲用 95℃的熱水浸泡3分鐘，撈起沖涼、瀝乾。
2. 調味料入鍋煮滾成糖醋汁。
3. 將涼透的馬鈴薯絲、地瓜絲和胡蘿蔔絲及香菜，全部放入做法2的糖醋汁內拌勻，放置10分鐘使其入味，裝碟後再撒上炒過的白芝麻。

胡蘿蔔

功效
安五臟、潤腸通便、清熱解毒、養肝明目、養顏美容、降血糖、降血脂。

成分
醣類、膳食纖維、維生素A、β-胡蘿蔔素、維生素B6、維生素C、鉀、鈉、葉黃素、茄紅素。

產季
冬春（12～4月）

預防疾病
夜盲症、乾眼症、近視、癌症、血管硬化、衰老。

挑選原則
顏色呈現深橘色、避免莖周圍呈綠色的胡蘿蔔、根鬚少、外表光滑、尾端尖銳會刺手的較新鮮。

綜合蔬菜棒

材料

- 胡蘿蔔 ½ 支
- 白蘿蔔 ¼ 支
- 西芹 1 支
- 小黃瓜 1 支

調味料

- 紅麴醬 1 大匙
- 零脂沙拉醬 2 大匙

做法

1. 胡蘿蔔、白蘿蔔削皮，切成細長條。西芹削去外層老筋，切成長條；小黃瓜切為4長條，可以將瓜籽切除。
2. 將4種蔬菜泡在冰水中約10分鐘，使蔬菜口感脆爽，取出後瀝乾水分。
3. 調味料可依個人口味調配分量，調勻後裝小碗，和蔬菜棒一同上桌。

洋蔥

功效

殺菌、降血壓、降血糖、降血脂、抗氧化、幫助消化、提升食慾、預防骨質流失。

成分

膳食纖維、鉀、銅、硒、硫化物、槲皮素、山奈酚、木犀草素、蒜胺酸、前列腺素 A。

產季

冬春（1～4月）

預防疾病

感冒、癌症、糖尿病、動脈硬化、骨質疏鬆、哮喘。

挑選原則

重量偏重、頂部扎實、外表平滑完整、無腐爛。

番茄洋蔥湯

材料

- 洋蔥 1 個
- 番茄 2 個
- 玉米 1 支
- 香菜末少許

調味料

- 鹽適量

作法

1. 洋蔥切塊；番茄切塊；玉米也切成塊。
2. 適量的油炒洋蔥，待洋蔥稍微變軟時，加入番茄續炒1分鐘；注入5杯水和玉米，一起煮3分鐘。
3. 品嘗前加鹽調味，最後撒下香菜末便完成。

薄荷洋蔥

材料

- 洋蔥 1 個
- 薑末 1 茶匙
- 蒜泥 ½ 茶匙
- 香菜、薄荷各適量

調味料

- 紅醋 1 大匙
- 淡色醬油 1 大匙
- 麻油少許
- 鹽 ¼ 茶匙
- 糖 ½ 茶匙

做法

1. 洋蔥切絲，放入95℃熱水鍋中汆燙5秒鐘，迅速撈出、沖涼待用。
2. 將全部材料置入大碗中；加入調味料，仔細拌勻即成。

洋蔥炒肉片

材料

- 火鍋肉片 200 公克
- 洋蔥 ½ 個
- 新鮮香菇 3 朵
- 紅甜椒 ¼ 個
- 大蒜 1 粒

醃肉料

- 醬油 1 茶匙
- 太白粉 1 茶匙

調味料

- 醬油 ½ 大匙
- 鹽少許
- 黑胡椒粉少許

做法

1. 火鍋肉片一切為二,用醃肉料加2大匙水輕輕抓拌均勻,放置5 ～ 10分鐘。
2. 洋蔥切條;新鮮香菇也切條,紅甜椒切粗絲;大蒜拍碎。
3. 起油鍋燒熱2大匙油,把肉片放入油中,快炒至肉片剛變色即盛出。
4. 放入大蒜末和洋蔥絲(油不夠時可以酌量加入1大匙油),炒至香氣透出,加入新鮮香菇、調味料和3大匙水
5. 再炒至香菇回軟,放回肉片和紅甜椒絲,拌炒均勻即可。

Tips

- 漢堡與米漢堡做法:洋蔥炒肉片可以夾入麵包中;或將米飯用模型做成米漢堡,把肉夾在中間。
- 燴飯做法:做燴飯的澆頭時,炒肉片中要多加½杯水,煮滾、勾芡,淋在飯上。

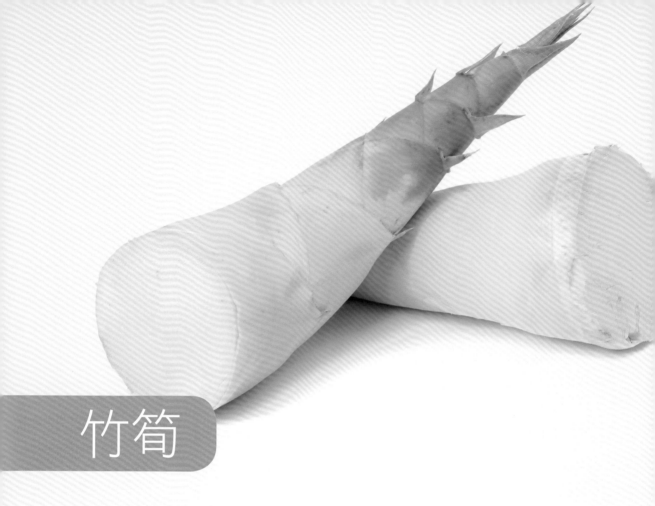

竹筍

功效
開胃、清熱化痰、治消渴、助消化、促進排便、降膽固醇。

成分
膳食纖維、維生素 B6、菸鹼酸、鉀、銅、植物固醇、木酚素。

產季
春夏（4～10 月）

預防疾病
高血壓、高膽固醇、水腫、消化不良、便祕。

挑選原則
外觀矮肥、略帶彎曲、外殼包覆扎實，筍尖沒有青色、底部寬、用手指輕壓底部時可凹入。

鮮菇筍片湯

材料

• 綠竹筍 1 支
• 杏鮑菇 150 公克
• 香菇 1 朵
• 番茄 ½ 個
• 豆苗少許

調味料

• 鹽適量

做法

1. 綠竹筍去殼，剖成兩半，放入5杯水中煮20分鐘，取出筍子、切成薄片。
2. 杏鮑菇放入煮筍子的湯煮2分鐘，撈出、切片；香菇泡軟。
3. 取1個小湯碗，把香菇放在碗中間，再把整齊的筍片和杏鮑菇交錯排在碗底，中間填上不規則的筍片等，撒上鹽和煮筍子的湯約 ½杯，上鍋蒸15分鐘。
4. 蒸好的湯汁泌出，鮮菇和筍片倒扣到大碗中。
5. 湯汁和煮筍子的湯加番茄塊一起加熱，煮滾後加適量鹽調味，關火、放下豆苗，倒入備好的大湯碗中即可上桌。

韭黃筍絲炒肉絲

材料

- 肉絲 100 公克
- 韭黃 80 公克
- 筍 1 支
- 紅椒絲少許

調味料（1）

- 醬油 1 茶匙
- 太白粉 ½ 茶匙

調味料（2）

- 麻油數滴
- 鹽少許

做法

1. 肉絲用調味料（1）和2茶匙水拌勻，醃30分鐘。

2. 韭黃洗好、摘除爛葉，切成3～4公分的段。

3. 筍連殼煮熟（約30～40分鐘），待涼後去殼，切成較粗的絲。

4. 用2大匙油把肉絲先炒散，加入筍絲再炒。加入鹽和3大匙水，以大火快炒，再加入韭黃快速拌炒數秒鐘，見韭黃已脫生即可關火。

5. 放下紅椒絲，滴下麻油，一拌即可裝盤。

福菜鮮筍湯

材料
- 煮湯排骨 300 公克
- 鮮筍 500 公克
- 福菜 80 公克
- 蔥 1 支（切段）
- 薑 2 ～ 3 片

調味料
- 酒 2 大匙
- 鹽適量

做法
1. 排骨先在滾水中汆燙至水再滾且排骨變色，撈出，沖洗乾淨。
2. 福菜用水沖洗一下，切成約1.5公分的粗絲；筍去殼，削好，切滾刀塊。
3. 湯鍋中另外煮滾6 ～ 7杯水，放入排骨、蔥段、薑片和酒，煮滾後改小火先煮半小時。
4. 筍塊和福菜放入湯中，再煮40 ～ 50分鐘，嘗一下味道，加鹽調味。

Tips
- 福菜的正名叫「覆菜」，是用不結球芥菜（2尺多長的一種長形芥菜）做成鹹菜後裝缸或瓶罐中，再倒覆放置發酵而成，為著名的客家醃菜。
- 台灣一年四季都有不同種類的鮮筍，麻竹、桂竹、冬筍皆適合燒湯。筍子本身即有甜味，煮排骨湯鮮甜好喝，加了福菜更添甘香鮮美。

蘋果

功效

生津止渴、益氣合胃、促進食慾、止瀉、養顏美容、排毒。

成分

醣類、膳食纖維、維生素B群、維生素C、鉀、果膠、槲皮素、楊梅素、阿魏酸、酚酸類。

產季

不同地區產季不同,北半球為冬季(11～2月),南半球為春夏(4～6月)。

預防疾病

膽結石、腹瀉、便祕、高血壓、心血管疾病。

挑選原則

外表條紋越多越好、麻點多、蒂頭淺綠、香氣濃郁、容易按壓、較輕的口感綿密,較重的水分豐厚、口感脆。

蘋果沙拉

材料

- 馬鈴薯 2 個
- 胡蘿蔔 1 小段
- 黃瓜 2 條
- 蘋果 3 個
- 雞蛋 6 個
- 火腿 4 片
- 美乃滋 4 大匙

調味料

- 鹽 1/3 茶匙
- 胡椒粉少許

做法

1. 馬鈴薯、胡蘿蔔和雞蛋洗淨，放入鍋中，加適量水煮熟後依序取出，胡蘿蔔切成指甲片；水煮蛋切碎，馬鈴薯略壓成小塊，放入一個大碗中。

2. 黃瓜切片，用少許鹽醃一下，擠乾水分，也放入大碗中。

3. 蘋果和火腿切丁，也放入大碗中。加美乃滋、鹽和胡椒粉調味。

4. 也可將蘋果對切成兩半後，挖除內部的果肉，再於邊緣刻上鋸齒狀花紋作為盛裝沙拉的容器。

Tips
- 學會了基礎的馬鈴薯沙拉，可以自己變換更多不同的材料，讓沙拉更多樣。

Chapter

肉 類

雞肉和牛肉皆富含蛋白質、維生素及礦物質等
營養,還能緩解人體疲勞和壓力。雞肉也適合
體質虛弱或老年人食用,而且牛肉與雞肉皆富
含氨基酸,可增強肌肉力量,對於運動員也有
大大幫助。

雞肉

功效

促進生長發育、增強體力、提高免疫力、調節脾胃、補虛強體、活血調經。

成分

蛋白質、脂肪、維生素A、維生素B1、B2、B6、B12，菸鹼酸、鉀、鐵、磷、鋅。

產季

一年四季

預防疾病

營養不良、疲勞、經期不順、掉髮。

挑選原則

毛孔粗大、肉色黃白、按壓有彈性、表皮不黏、無腥味。

鮑魚雞粥

材料

- 味付鮑魚 1～2 粒
- 雞胸肉 ½ 片
- 西生菜絲 1 杯
- 白飯 1 碗
  （或米 ½ 杯）

醃雞料

- 鹽少許
- 太白粉少許

調味料

- 鹽適量

做法

1. 鮑魚切片；醃雞料加2大匙水拌勻，雞胸肉切絲後與其混合醃10分鐘以上。
2. 把白飯放入鍋中，加4杯水和鮑魚汁，大火煮滾後，改以小火煮20分鐘，關火後燜10分鐘。
3. 再開火煮滾稀飯，放下雞絲與鮑魚片，煮約1分鐘，加鹽調味。
4. 裝碗後撒下西生菜絲上桌。

Ｔips

- 袋裝鮑魚使用方便，味道口感也不輸鮮鮑。除了吃鮑魚肉，鮑魚汁也別浪費，拿來熬粥煮湯都美味，冷凍時要記得連汁一起冷凍。

泰式雞肉沙拉

材料

- 雞胸肉 1 片
- 生菜葉 3 ～ 4 片
- 小番茄 10 粒
- 核桃數粒（或松子、夏威夷果）

沙拉拌料

- 美式芥末醬 2 茶匙
- 泰式甜辣醬 2 茶匙
- 橄欖油 1 大匙
- 檸檬汁 ½ 大匙
- 鹽 ⅓ 茶匙

醃雞料

- 鹽、胡椒粉各少許

做法

1. 雞胸肉去皮和軟骨，分割成兩半，用刀子在雞肉上輕輕剁上數刀，均勻地抓拌上醃雞料，放置3 ～ 5鐘。
2. 烤箱預熱至220℃，放入雞肉烤10分鐘，翻面再烤8 ～ 10分鐘至熟後取出。
3. 生菜洗淨，放入冰水中浸泡約10分鐘，盡量瀝乾水分，切段後排盤。再將番茄或其他喜愛的沙拉材料排入。
4. 預熱烤箱時，先以150℃左右的溫度把核桃或其他的堅果類放入烤箱烤熟，取出，切小粒一些（松子不必切）。
5. 沙拉拌料先在碗中調好。雞肉烤好後切成寬條放在生菜上，撒下核桃或其他乾果粒，附沙拉醬上桌。

Tips

- 沙拉的靈魂在沙拉醬。這道以泰國甜辣醬為主的沙拉沾醬偏東方口味，不吃辣的可以用蜂蜜或糖漿代替甜辣醬。
- 烤雞胸可以連皮一起烤，刷一點油在皮上可以烤出香脆的效果，如要避免油膩，還是去了皮較好。每一個烤箱溫度不同，烤的時間長短可以自行調整。
- 可以做沙拉的生菜種類很多，美生菜最為普遍，現在進口或是國內自己種的蘿蔓生菜（Romaine lettuce）也容易買到。其他如羊齒菜、比利時小白菜、紅生菜也都可以搭配在沙拉中。主要是用冰水泡一下，可使生菜脆而爽口。
- 生的核桃等堅果類，可以一次多烤一些，涼透後密封儲存。

炒雞絲拉皮

材料

- 雞胸肉 1 片（約 150 公克）
- 新鮮粉皮 2 片（或乾粉皮適量）
- 小黃瓜 1 條
- 雞蛋 1 個
- 蔥 1～2 支

調味料（1）

- 蛋白 ½ 大匙
- 鹽 ¼ 茶匙
- 太白粉 1 茶匙

調味料（2）

- 芝麻醬 1 大匙
- 麻油 1 大匙
- 淡色醬油 1 ½ 大匙
- 芥末粉 1 大匙
- 鹽少許
- 糖 ¼ 茶匙

做法

1. 雞胸肉切成細絲。用調味料（1）加2大匙水拌均勻，醃30分鐘以上。蔥斜切成細絲。
2. 小黃瓜切成細絲；蛋打散，煎成蛋皮後切絲；新鮮粉皮切成寬條，用冷開水沖洗一下，瀝乾排入盤中。
3. 芝麻醬先加麻油調軟，再陸續加入除芥末粉以外的調味料（2）調勻備用。
4. 芥末粉加適量水調成膏狀，放在溫熱處燜2分鐘，再和做法3的芝麻醬調勻。
5. 鍋中倒入1杯油，加熱至7分熟，放下雞絲過油，待雞絲熟了即用漏勺撈出，趁熱拌上蔥絲。
6. 黃瓜絲盛放在粉皮上，再放上蛋皮絲，最後放上炒熟的雞絲，淋下做法4醬料，上桌後拌勻即可。

Tips
- 乾粉皮需先泡軟後再燙煮，約煮4～5分鐘至軟，沖冰水後使用。

馬鈴薯雞肉沙拉

材料

- 白煮雞胸肉 1 個
- 馬鈴薯 2 個
  （約 400 公克）
- 西芹 2 支
- 雞蛋 3 個
- 美乃滋 4 ～ 5 大匙

調味料

- 鹽 ½ 茶匙
- 胡椒粉少許

做法

1. 馬鈴薯和蛋洗淨，放入鍋中，加水煮熟，煮約12分鐘後取出蛋，將蛋白切小丁，蛋黃捏碎。

2. 馬鈴薯再煮至沒有硬心，取出、剝皮，切成小塊。

3. 白煮雞胸肉切厚片；西芹削去老筋、用滾水燙一下，沖涼後切片。

4. 所有材料放在大碗中，加入調味料和美乃滋拌勻，可留一些蛋黃做裝飾。

臘味蒸雞

Tips
- 臘腸不宜切太薄，以免蒸後斷裂，影響口感。

材料
- 雞腿 500 公克
- 臘腸 150 公克
- 香菇 100 公克
- 薑末 25 公克
- 蒜末 15 公克
- 蔥 1 支（切段）

調味料
- 蠔油 1 大匙
- 醬油 ½ 茶匙
- 油 1 大匙
- 酒 2 大匙
- 糖 1 茶匙
- 鹽 ¼ 茶匙
- 太白粉 1 大匙

做法
1. 雞腿洗淨剁塊，把水分瀝乾；香菇泡發，切片；臘腸洗淨，切片。
2. 雞肉、臘腸和香菇片加入薑末、蒜末和調味料調拌，醃約15分鐘。
3. 放入蒸鍋蒸18～20分鐘，取出，撒上蔥段即可。

梅乾菜蒸雞球

材料

- 去骨雞腿 2 支
- 茭白筍 2 支
- 嫩梅乾菜 1 杯
- 新鮮豆包 3 片
- 蔥 1 支（切小段）
- 大蒜 2 粒（剁碎）

調味料（1）

- 醬油 1 大匙
- 鹽 ¼ 茶匙
- 太白粉 2 茶匙

調味料（2）

- 酒 ½ 大匙
- 麻油 ½ 茶匙
- 糖 ½ 茶匙

做法

1. 用刀在雞腿的肉面上剁些刀口，切成約2.5公分的小塊，拌上調味料（1）和2大匙水。

2. 梅乾菜快速沖洗一下，略剁碎。

3. 茭白筍切成長條塊；豆包切成寬條，鋪在蒸盤上。雞肉和茭白筍拌合，放在豆皮上。

4. 起油鍋，用2大匙油爆香蒜末和蔥段，放下梅乾菜再炒至香氣透出。

5. 加入調味料（2）和4大匙水煮滾，淋在雞腿和茭白筍上，上鍋蒸20～25分鐘，至雞肉已熟即可取出。

白切雞

材料

- 半土雞 ½ 隻

調味料

- 醬油膏 2 大匙
  （或蠔油）
- 大蒜 2 粒（拍碎）
- 蒸雞湯汁 2 大匙

做法

1. 將土雞內部的血塊全部清洗乾淨，放上蒸盤，在蒸盤內淋下 ½杯水。

2. 電鍋外鍋加入2杯水，放入蒸雞盤，按下電源開關，蒸至開關跳起，燜10分鐘後再取出土雞。

3. 在土雞上蓋上一層濕紙巾或是濕毛巾放至雞涼。

4. 土雞剁成塊盛盤，調味料調勻做成沾醬一起上桌。

薑末蒸雞

Tips
- 加入少許蔥油可添加香氣。

材料
- 雞腿肉 400 公克
- 薑末 1½ 大匙
- 蔥段 20 公克

調味料
- 蠔油 1 大匙
- 醬油 ½ 大匙
- 花雕酒 1 茶匙
- 麻油 2 茶匙
- 白胡椒粉 ½ 茶匙
- 太白粉 ½ 大匙

做法
1. 雞腿肉洗淨並瀝乾，有白筋的部分要用刀剁斷，肉厚的部分用刀背略拍，切成約3公分小塊。
2. 雞腿肉加入薑末、蔥段和調味料一起拌勻，醃製約20分鐘。
3. 放入蒸盤中，以大火蒸約10分鐘即可。

大白菜干貝香菇雞

Tips

- 想多加大白菜，須待大白菜變軟後分批加入。
- 整片大白菜比較脆硬，可以先燙軟了再包。
- 若喜歡多一些湯汁可加一碗清水，用蒸的湯汁會比用煮的更清澈鮮美。

材料

- 雞半隻
- 干貝 4 粒
- 大白菜 500 公克
- 香菇 4 朵
- 葱 1 支（切段）
- 薑 2 片
- 香菜 1 支

調味料

- 鹽適量

做法

1. 雞洗淨；大白菜剝一片片洗淨，燙軟後瀝乾；香菇泡軟、去蒂，備用。
2. 干貝洗淨，放入蒸鍋蒸20分鐘，取出備用。
3. 用一片片的大白菜包裹雞，接著放入鍋，加入干貝、香菇、薑片、葱段、1½杯水和蒸干貝水，放入煮沸的蒸鍋蒸。
4. 入鍋後，調小火慢蒸約1.5小時，取出後加鹽調味，撒上香菜即可食用。

香菇雞肉飯

Tips
- 若不用電鍋，也可用蒸的方式來煮。
- 可用糙米取代白米飯，營養又美味。
- 雞肉不要切得太大塊，小塊較容易煮熟，雞肉也要盡量均勻地倒在飯上。

材料
- 去骨雞腿 1 支
- 米 1 杯
- 香菇 2 朵
- 葱 1 支（切段）

醃料
- 醬油 2 茶匙
- 太白粉 1 茶匙

調味料
- 醬油 2 茶匙
- 蠔油 1 茶匙
- 胡椒粉適量
- 麻油 ¼ 茶匙

做法
1. 雞腿肉洗淨瀝乾，用刀背略拍後切小塊，醃料和1大匙水混合，與雞肉抓拌均勻，放置10分鐘備用。
2. 香菇泡軟，切塊；調味料和2大匙水混合，和香菇、葱段放入雞肉中拌勻。
3. 米洗淨，放入電鍋中，加入1杯水，煮至開關跳起；打開鍋蓋，鋪上雞肉和香菇，再加入½杯水，再煮至開關跳起，燜5分鐘即可。

番薯雞湯

材料

- 雞 ½ 隻
- 地瓜 300 公克
- 當歸 1 小片

調味料

- 酒 1 大匙
- 冰糖 1 茶匙
- 鹽適量

做法

1. 雞切成塊狀後，用滾水汆燙去除血水，撈出用冷水沖淨。
2. 地瓜削皮後切成滾刀塊。
3. 雞塊置於蒸碗中，加入地瓜、當歸及調味料後，注入3杯滾水到碗中。先蒸30分鐘後，再續加入2杯滾水，再蒸10分鐘便成。

Tips

- 為保持雞肉塊及地瓜的甜度，滾水分2次加入，吃起來食材甜美，湯汁清澈。

牛肉

功效

促進生長發育、補脾胃、益氣血、強筋骨、消水腫、增強免疫力。

成分

蛋白質、脂肪、維生素A、維生素B1、B2、B6、B12，菸鹼酸、維生素E、鉀、鐵、磷、鋅、肉鹼。

產季

一年四季

預防疾病

貧血、肌少症。

挑選原則

肉色鮮紅、脂肪雪白、表面水潤新鮮、無發黑暗沉。

洋蔥番茄燒牛肉

材料

- 牛肋條肉 900 公克
- 番茄 3 個
- 洋蔥 1 個（切塊）
- 大蒜 2 粒（拍裂）
- 月桂葉 3 片
- 八角 1 顆

調味料

- 酒 ½ 杯
- 淺色醬油 4 大匙
- 鹽 ½ 茶匙
- 糖適量

做法

1. 牛肋條肉切成約4公分大的塊狀，用滾水燙煮至變色，撈出、洗淨。
2. 番茄劃刀口，放入滾水中燙至外皮翹起，取出後泡冷水、剝去外皮，切成4或6小塊。
3. 鍋中燒熱2大匙油來炒香洋蔥和大蒜，加入番茄塊再炒，炒到番茄出水變軟。
4. 將牛肉倒入鍋中，略加翻炒，淋下酒和淺色醬油，大火煮1分鐘。
5. 加入月桂葉、八角和2½杯水，換入燉鍋中，先煮至滾，再改小火燒煮約2小時以上，或至喜愛的軟爛度，加鹽和糖調味即完成。

牛肉鮮菇炊飯

材料

- 嫩牛肉片 100 公克
- 柳松菇 1 小把
  （或其他菇類）
- 米 1 杯
  （或冷飯 2 碗）
- 胡蘿蔔片數片
- 蔥 1 支
- 嫩薑 3 片

醃肉料

- 醬油 1 茶匙
- 酒 ½ 茶匙
- 麻油 ¼ 茶匙
- 糖 ¼ 茶匙
- 太白粉 ½ 茶匙

調味料

- 醬油 1 茶匙

做法

1. 醃肉料加2大匙水混合，放入牛肉片抓拌入味，醃20分鐘。
2. 柳松菇洗淨，瀝乾水分；蔥切段，把柳松菇、胡蘿蔔片、蔥段和薑片拌入牛肉中，再加調味料和2大匙水拌勻。
3. 米洗淨後放入小鍋或較大的碗，量1杯的水放入碗內，移入電鍋中煮成飯。
4. 當電鍋開關剛跳起時，放下牛肉等材料，攤開、鋪平均，在外鍋再加 ⅓ 杯水，蓋上鍋蓋，再煮4～5分鐘，燜1～2分鐘即可。

Tips

- 要想牛肉像餐廳做的一樣滑嫩，醃牛肉時要加少許的小蘇打粉或嫩精，並將牛肉多抓拌一下。醃好的牛肉放保鮮盒可存放3天左右，方便取用。
- 用冷飯來做更快速，最好選用寬口的碗，面積大一點、材料不要堆太厚，可以保持肉的嫩度。

羅宋湯

材料

- 牛肋條肉 600 公克
- 牛大骨 5 ～ 6 塊
- 高麗菜 500 公克
- 洋蔥半個
- 番茄 2 個
- 西洋芹 1 支
- 胡蘿蔔 1 小支
- 馬鈴薯 1 個

調味料

- 番茄配司 2 大匙
- 義大利綜合香料 1 茶匙
- 鹽、胡椒粉各適量

做法

1. 牛肋條肉和牛大骨一起用滾水燙煮2 ～ 3分鐘，撈出洗淨。
2. 湯鍋中煮滾8杯水，加入牛肉、牛骨，煮約1個半小時。夾出牛肉，待稍涼後切成小厚片，湯再煮2小時後過濾。
3. 各種蔬菜改刀切小，洋蔥切粗絲；番茄切片；西芹切短條；胡蘿蔔和馬鈴薯切小片。
4. 另用2大匙油依序炒洋蔥、番茄和高麗菜，待蔬菜料已軟，加入番茄配司、並加入牛肉湯、牛肉和西芹段、胡蘿蔔、馬鈴薯。
5. 煮至牛肉和蔬菜均已夠軟，再加義大利綜合香料、鹽和胡椒粉調味。

Tips
- 羅宋湯裡放不放馬鈴薯可以自己決定，放馬鈴薯能夠增加澱粉的營養，家中有小孩的話就非常適合。

清蒸牛肉湯

材料

- 牛肋條 500 公克
- 牛大骨數塊
- 白蘿蔔 1 斤
- 蔥 1 支
- 薑 2 片
- 八角 1 顆
- 蔥花 1 大匙
- 香菜適量

調味料

- 酒 3 大匙
- 麻油少許
- 鹽適量
- 胡椒粉少許

做法

1. 牛肋條切塊,和牛大骨用滾水燙過後撈出、洗淨。放在電鍋的內鍋中,再加入蔥、薑、八角及酒。

2. 牛肉鍋內注入5杯熱水,放入電鍋中蒸約1.5小時。

3. 白蘿蔔削皮後切成大塊,放入滾水中燙煮3～5分鐘,撈出、放入牛肉湯中,再蒸約40分鐘至喜愛的軟爛度,加鹽調味。

4. 大湯碗中放適量的胡椒粉、麻油、蔥花和香菜,盛入牛肉湯即可上桌。

韓式牛肉湯

材料

- 牛小排 4 片
  （或牛螺絲肉
  600 公克）
- 乾海帶芽 2 大匙
- 大蒜 6～8 粒
- 蔥 1 支

調味料

- 麻油 2 大匙
- 酒 1 大匙
- 高湯 6 杯
  （或水）
- 鹽、胡椒粉適量

做法

1. 牛小排由骨頭旁切開，分割成3片；海帶芽
   略泡水脹開即瀝掉水分；大蒜切片；蔥切成
   蔥花。
2. 鍋中燒熱麻油炒香大蒜片，加入牛小排續
   炒，淋下酒和高湯，煮滾後改小火燉煮
   30～40分鐘。
3. 加入海帶芽，一滾即加鹽和胡椒粉調味，關
   火，撒下蔥花。

香根牛肉絲

材料

- 嫩牛肉 150 公克
- 豆乾 7 ～ 8 片
- 香菜 4 ～ 5 支
- 蔥絲 1 大匙
- 紅辣椒絲少許

調味料（1）

- 醬油 ½ 大匙
- 太白粉 ½ 大匙

調味料（2）

- 醬油 2 茶匙
- 麻油數滴
- 鹽 ¼ 茶匙

做法

1. 牛肉逆紋切成細絲，調味料（1）加2大匙水調勻，與牛肉拌勻醃30分鐘。

2. 豆乾先橫著片成3片，再切成細絲，用滾水燙10 ～ 15秒鐘，撈出、瀝乾水分。

3. 香菜取梗部，切成2公分段。

4. 牛肉用約 ½杯油快速過油，撈出。油倒出，僅留1大匙油爆香蔥絲，放下豆乾絲、辣椒絲和醬油、鹽和水3大匙，快火炒勻，加入牛肉絲和香菜梗再快炒兩三下，滴少許麻油即可關火盛出。

蒸牛肉榨菜

Tips

- 醃製牛肉時，宜先下調味料拌勻，最後才加入太白粉。若先下太白粉，後加的調味料無法滲入牛肉，而影響牛肉的美味。

- 蒸鍋的水滾後才放入牛肉，可使其迅速熟透，避免煮得過老，口感變硬。

- 牛肉要逆紋切，把肉的纖維切斷，烹調後就不會因高溫而緊縮，口感也較軟嫩。

材料

- 嫩牛肉 350 公克
- 醃製榨菜 1 塊

調味料（1）

- 麻油 1 茶匙
- 糖 1 茶匙

調味料（2）

- 醬油 1½ 茶匙
- 酒 1 茶匙
- 鹽 ½ 茶匙
- 糖 ½ 茶匙
- 胡椒粉 ½ 茶匙
- 太白粉 1 茶匙（後下）

做法

1. 榨菜泡水片刻洗淨，瀝乾水分，切薄片，加入調味料（1）拌勻。

2. 牛肉切片，加入調味料（2）和適量水拌勻，放置10分鐘。

3. 取一蒸盤，放入榨菜和牛肉。

4. 待蒸鍋中的水煮滾，放入牛肉，以大火蒸約8分鐘至肉熟透。

4 Chapter

海帶與海鮮

海帶和蝦的營養價值極高，海帶可促進人體血液循環、幫助減重，強化牙齒和骨骼，但患有甲狀腺機能亢進的人不宜過多攝取，孕婦和哺乳期婦女亦同，以免造成胎兒或幼兒甲狀腺功能障礙。蝦則可增強人體免疫力、補腎壯陽，但膽固醇偏高者不能過量食用。

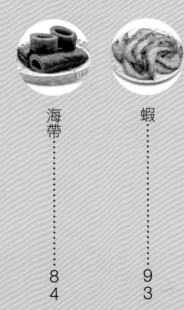

海帶
‧
‧
‧
‧
‧
‧
8
4

蝦
‧
‧
‧
‧
‧
‧
9
3

海帶

功效

降血壓、降血脂、降血糖、提升免疫力、抑制腫瘤、利尿、護髮、排毒、化痰。

成分

膳食纖維、維生素 A、β-胡蘿蔔素、維生素 B6、B12，菸鹼酸、葉酸、鈉、鈣、鎂、鐵、碘、鈷、多醣體、海藻酸、昆布素、甘露醇。

產季

秋冬（9～12 月）

預防疾病

甲狀腺腫大、腫瘤、大腸癌、便祕、水腫。

挑選原則

無藥水味、不會過厚、不會過綠、表面不會太過光滑有脆度、黏性大、味道濃厚。

韓式海帶芽

材料

- 海帶芽 50 公克
- 小黃瓜 1 支
- 紅辣椒 1 支
- 大蒜 2 ～ 3 粒

調味料

- 醬油 2 大匙
- 醋 1½ 大匙
- 麻油 2 大匙
- 糖 1 大匙

做法

1. 海帶芽在水中快速沖洗幾次，以去除鹹味，切短一點，放入滾水汆燙一下立即撈出。
2. 小黃瓜切薄片；紅辣椒切圓圈；大蒜切片。
3. 鍋中燒熱麻油，放下大蒜片爆香，加入其他調味料煮滾。
4. 海帶芽、小黃瓜片和紅辣椒放碗中，淋下煮滾的做法3拌勻，放置約10餘分鐘，待涼且入味即可。

Tips

- 海帶芽的種類很多，有乾燥也有半潮濕的。乾海帶芽在泡開後較薄，沒有味道；而半潮濕的則鹽分較多，有的還能看到鹽的顆粒。挑選較厚一點的海帶芽涼拌較有口感。
- 海帶芽是很好的鹼性食物，吃多大魚大肉而呈現酸性體質的現代人，不妨多加食用。

海帶五絲

材料

- 綠豆芽 150 公克
- 海帶絲 100 公克
- 粉絲 1 把
- 豆乾 4 片
- 蔥 1 支
- 薑片 2 ～ 3 片
- 紅辣椒 1 支

拌料

- 淡色醬油 2 大匙
- 醋 ½ 大匙
- 麻油 2 大匙
- 糖 1 茶匙
- 鹽適量

做法

1. 綠豆芽摘好，放入滾水中燙約10秒至脫生，撈出沖冷水後瀝乾水分。
2. 海帶絲洗淨後放入鍋中，加薑片、蔥段和適量水，以小火煮至喜愛的軟度，切短一點備用。
3. 豆乾先橫片成極薄的薄片，再切成細絲，放入滾水汆燙一下，撈出、瀝乾水分，放涼。
4. 將粉絲泡軟，也放入滾水燙煮約20秒鐘，至透明即可撈出，用冷開水沖涼，切短。
5. 蔥橫片開後切絲、泡水；紅辣椒去籽、切細絲（怕辣者可以泡水）。
6. 鍋中燒熱1大匙油，爆香蔥絲後放下拌料，一滾即可關火，放下所有材料拌合均勻，嘗一下味道後便可盛出，放涼後食用。

ᴛips
- 海帶可燙煮10 ～15分鐘左右，太硬就不好吃了。
- 放了豆乾的涼拌菜容易酸壞，要特別注意保存。
- 海帶被公認是最好的鹼性食物，簡單用三合油來涼拌就很好吃，可加上各種時蔬和豆乾一起拌，既清爽又開胃。

滷海帶

材料

- 乾海帶 1 條
- 老薑片 3 片
- 八角 1 顆
- 辣椒 1 支

滷汁料

- 醬油 2 大匙
- 味醂 1 大匙
- 冰糖 1 茶匙
- 鹽 ⅓ 茶匙

做法

1. 適量的油爆香老薑片、八角和辣椒，注入滷汁料和4杯水，煮滾。

2. 乾海帶用濕紙巾擦拭一下，用剪刀剪成段，捲起，用牙籤別住，直接放入滷汁中，滷至軟度適宜。

3. 滷海帶切段上桌，淋上滷汁，附上薑絲或香菜、蔥花。

海帶絲蘿蔔湯

材料

- 海帶絲 200 公克
- 白蘿蔔 1 條
- 薑絲 1 撮

調味料

- 鹽適量

做法

1. 買現成的海帶絲洗淨，切成長段，用水燙煮10分鐘（水中加1茶匙的醋）。
2. 白蘿蔔切細絲，加6杯水煮10分鐘後，再加入海帶絲續煮10分鐘。
3. 品嘗前加鹽調味和薑絲即可。

海帶芽煎蛋

材料

- 乾海帶芽 ½ 杯
- 雞蛋 3 個

調味料

- 鹽適量
- 胡椒粉少許

做法

1. 海帶芽洗淨，擠乾水分；拌入調味料備用。
2. 蛋液打散，加入醃過的海帶芽拌勻。
3. 以適量的熱油將做法2蛋液炒熟即成。

海帶芽丸

材料

- 老豆腐 1 長方塊
- 海帶芽 3 大匙
- 小香菇 5 朵
- 蔥花 1 大匙

調味料

- 蛋白 1 大匙
- 麻油少許
- 太白粉 1 大匙
- 麵粉 ½ 大匙
- 鹽適量
- 胡椒粉少許

做法

1. 老豆腐撒少許鹽,入蒸鍋蒸5分鐘,取出、待涼透。

2. 海帶芽洗淨,擠乾水分,切碎一點。

3. 小香菇洗淨,加5杯水煮開備用。

4. 將涼透的豆腐去掉水分,壓成泥狀,加入調味料中的蛋白、太白粉、麵粉,仔細拌勻;再加入海帶芽抓拌並摔打至有彈性。

5. 豆腐做成丸子狀,放在蒸盤上,蒸8分鐘至熟,取出,投入香菇湯中,再煮一滾,加適量鹽、胡椒粉、麻油調好味道即可。

海帶紅燒肉

材料

- 五花肉 600 公克
  （或梅花肉）
- 海帶結 200 公克
- 蔥 3 支（切段）
- 薑 2 片
- 八角 1 顆

調味料

- 酒 ¼ 杯
- 醬油 5 大匙
- 冰糖 1 大匙

做法

1. 將五花肉切塊，用熱水汆燙約1分鐘，撈出、沖洗乾淨。
2. 海帶結也放入滾水中燙一下，撈出。
3. 鍋中燒熱1大匙油，放入蔥段、薑片和八角，炒至香氣透出。
4. 放入五花肉，淋下酒和醬油，再炒至醬油香氣透出，加入冰糖及約2½杯的水，大火煮滾後改小火慢燒。
5. 約40分鐘後，放入海帶結，再煮約30分鐘，見肉與海帶均已夠軟，開大火收汁，至湯汁濃稠即可關火。

Tips

- 可以用乾海帶來燒，海帶泡一下水，剪成寬條後可以連水一起來燒，乾海帶要燒久一點。

海帶絲排骨湯

材料

- 海帶絲 200 公克
- 白蘿蔔 400 公克
- 煮湯排骨 400 公克
- 蔥 2 支（切段）
- 薑 2 片

調味料

- 酒 2 大匙
- 鹽適量

做法

1. 排骨投入滾水中燙煮至變色，撈出，洗乾淨；海帶絲放入冷水中煮至滾，再煮2 ～ 3分鐘，瀝出；白蘿蔔切粗絲。
2. 湯鍋中另外煮滾6 ～ 7杯水，放入排骨、蔥段、薑片和酒，煮滾後改小火，燉煮至喜愛的軟爛度做成排骨湯，約煮1小時以上。
3. 海帶絲和白蘿蔔一起放入排骨湯中，燉煮至夠軟爛，加鹽調味即完成。

Tips
- 蘿蔔和海帶的味道很搭，一般是蘿蔔切塊煮海帶結，這裡改用海帶絲，因為切絲的口感不同，煮的時間也短。

蝦

功效

鎮靜、壯陽、益腎、通乳、滋補。

成分

蛋白質、維生素 B1、B2、B12，菸鹼酸、維生素 D、維生素 E、鉀、鐵、磷、鋅、蝦紅素。

產季

一年四季。

預防疾病

衰老、味覺障礙、生長遲緩、精子畸形。

挑選原則

頭尾緊密相連、蝦殼發亮且堅硬、無斑點、眼突、無異味、肉質堅實、具有彈性。

蝦仁蠶豆瓣

材料
- 蝦仁 100 公克
- 蠶豆瓣 150 公克
- 雪裡紅 2 支
- 蔥花 1 大匙

調味料（1）
- 鹽少許
- 太白粉少許

調味料（2）
- 麻油數滴
- 太白粉水少許
- 鹽適量

做法
1. 蝦仁用少許鹽抓洗、沖水後擦乾，拌上調味料（1），醃10分鐘。
2. 雪裡紅嫩梗子部分切小丁；蠶豆瓣用開水汆燙1分鐘，撈出、沖冷水。
3. 燒熱2大匙油先炒蝦仁，熟後盛出。加入蔥花和蠶豆瓣同炒，淋下約4～5大匙的水和適量鹽，煮至蠶豆瓣熟透。
4. 再放下雪裡紅炒勻，加入蝦仁，以太白粉水勾上薄芡，滴幾滴麻油即可。

滑蛋蝦仁燴飯

材料

- 蝦仁 80 公克
- 白飯 1½ 碗
- 青豆 1 大匙
- 雞蛋 2 個
- 蔥 1 支（切蔥花）
- 清湯 1 杯
  （或水）

醃蝦料

- 太白粉 1 茶匙
- 鹽 ¼ 茶匙

調味料

- 太白粉水 1 茶匙
- 鹽 ½ 茶匙

做法

1. 蝦仁用約 ½ 茶匙的鹽抓一下，再沖水洗淨，以紙巾吸乾水分後放入小碗中，拌入醃蝦料，醃約10分鐘。
2. 蛋液加 ¼ 茶匙鹽打至十分均勻。
3. 鍋中先熱1大匙油，放入蝦仁，大火炒至9分熟，盛出。
4. 利用鍋中剩餘的油，放入蔥花炒一下，倒入清湯煮滾，加 ½ 茶匙鹽調味。
5. 放入蝦仁和青豆後再煮滾，再用太白粉水勾成薄芡。
6. 沿著湯汁邊緣再淋下 ½ 大匙油，接著淋下蛋汁，要搖動鍋子，使蛋汁不要黏鍋，可以浮在湯汁中，見蛋汁熟了即關火，淋在熱的白飯上。

Tips

- 太白粉勾芡要注意濃度不要太濃。

海鮮燴飯

材料

- 魚肉 80 公克
- 蝦仁 5 隻
- 新鮮香菇 2～3 朵
- 綠花椰菜 ⅓ 棵
- 蔥 1 支（切段）
- 白飯 1 碗

調味料（1）

- 太白粉 1 茶匙
- 鹽少許

調味料（2）

- 醬油 1 茶匙
- 太白粉水 2 茶匙
- 麻油數滴
- 鹽適量
- 胡椒粉少許

做法

1. 魚肉切片；蝦仁在背上劃一刀，2種海鮮放碗中，加調味料（1）拌勻，醃10～15分鐘。
2. 新鮮香菇切成條；綠花椰菜分成小朵。
3. 煮滾5杯水，放入綠花椰菜先燙一下，撈出，再放入魚肉和蝦仁汆燙一下，撈出。
4. 起油鍋加熱1大匙油，先爆香蔥段，加入香菇炒一下，淋下醬油和 ⅔ 杯水煮滾。
5. 加入綠花椰菜再煮一滾，加入鹽和胡椒粉調味，以太白粉水勾芡後，放入魚肉和蝦仁，再煮滾即可關火，淋下麻油，再澆到熱的白飯上。

泰式蒸蝦

Tips
- 尤其用來蒸的海鮮必須新鮮，選購新鮮的蝦有幾項重點：蝦頭不會變黑並與蝦身緊連，且沒有腥味；蝦殼帶有亮度，呈透明狀；蝦身有彈性，沒有黏滑液。

 材料

- 草蝦 8 隻
- 蒜酥 3 大匙
- 香茅 1 支（切段）

 調味料

- 魚露 1 大匙
- 檸檬汁 1½ 大匙
- 糖 ⅔ 大匙
- 香茅末 1 大匙
- 香菜末 ½ 大匙
- 蔥末 1 大匙
- 紅辣椒末 1 大匙

 做法

1. 蝦由背劃開，取出沙腸，蝦腹的筋挑斷，放入蒸盤，加入香茅段，放入蒸鍋以大火蒸4分鐘至熟。
2. 蒸蝦汁倒入小鍋中，加入魚露和糖煮溶，關火，加入其他調味料拌勻。
3. 將拌勻的調味料淋在蝦上，撒上蒜酥即可。

餛飩蝦球

材料

- 豬絞肉 60 公克
- 蝦 12 隻
- 蝦仁 120 公克
- 餛飩皮 12 張
- 香菜末少許

醃料

- 鹽 1 茶匙
- 酒 1 茶匙

調味料

- 蛋白 2 大匙
- 酒 1 茶匙
- 麻油 ¼ 茶匙
- 鹽 1 茶匙
- 胡椒粉 ⅛ 茶匙
- 太白粉 1 大匙

做法

1. 蝦摘除頭部,剝殼留尾,由蝦背部劃上一刀,挑除沙腸,加入醃料醃片刻。
2. 蝦仁剁成泥,加入絞肉和調味料,順同一方向攪拌至有黏性。
3. 蝦泥分成12等分,做成圓形蝦餅,取一張餛飩皮包入蝦餅,蝦餅上擺上一隻蝦,在餛飩皮口稍微按壓,如此重複至完成。
4. 將餛飩蝦排入塗上一層油的蒸盤上。燒開蒸鍋中的水,放入蝦,以大火蒸約12分鐘至熟即可。

清蒸蝦

材料

- 中蝦 200 公克
- 葱 1 支（切段）
- 薑 2 片

調味料

- 米酒 1 茶匙
- 鹽 ¼ 茶匙

做法

1. 蝦修剪鬚腳，挑除沙腸，洗淨擦乾後放入蒸盤。
2. 加入葱段、薑片、米酒和鹽。
3. 燒開蒸鍋中的水，放入蝦，以大火蒸約3分鐘至熟即可。

Tips

- 蒸蝦時蒸鍋的水一定要燒開才能放入蝦。
- 蝦隻排入蒸盤盡量不要重疊，這樣蝦才能均勻受熱、熟透。一般來說只要蒸到蝦色轉紅即可。

5hapter

蔬菜類

現代人常因為忙碌而蔬菜攝取不足，其實蔬菜含有豐富的維生素和礦物質、纖維質等營養，有些蔬菜也有治病功效，如綠花椰菜可預防癌症、菠菜能夠預防貧血等，均衡飲食才能愈吃愈健康。

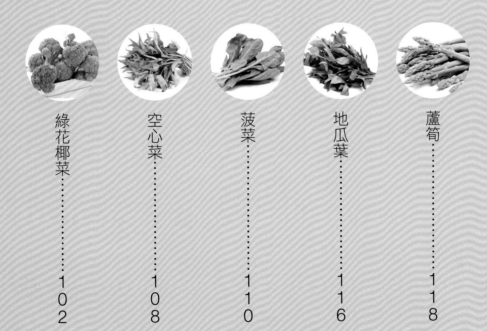

綠花椰菜

功效

清肝解毒、促進腸胃蠕動、利尿、明目、抗氧化、抗腫瘤。

成分

膳食纖維、維生素 A、β-胡蘿蔔素、維生素 B2、B6，葉酸、維生素 C、維生素 E、鉀、鈣、鎂、鐵、磷、蘿蔔硫素、葉黃素、槲皮素、吲哚、山奈酚、楊梅素。

產季

冬春（11～12，1～4月）

預防疾病

癌症、心血管疾病、便祕、肥胖、夜盲症、胃潰瘍。

挑選原則

花蕾緊密且微微帶紫、梗的切口是漂亮的圓形（代表營養有傳遞到各處）。

清蒸綠花椰菜

材料

- 綠花椰菜 1 棵
- 鴻喜菇 1 小把
  （或其他新鮮菇類）
- 紅、黃甜椒丁適量

調味料

- 素蠔油 1 大匙
  （或醬油）
- 鹽少許
- 黃砂糖少許

做法

1. 綠花椰菜摘好、洗淨、瀝乾水分，放在有深度的盤子裡，撒上少許鹽，上鍋蒸5～6分鐘，熟後取出。

2. 鍋中放素蠔油，加黃砂糖和4大匙水，加入鴻喜菇煮滾，關火，撒下甜椒丁，淋在蒸好的花椰菜上。

花菜沙拉

Tips

- 堅果類的食材烤了之後都要等放涼後才會酥脆,烤時要低溫慢慢烤,以免烤焦。

材料

- 綠花椰菜 1 棵
- 杏仁片 1 大匙

調味料

- 零脂沙拉醬適量

做法

1. 綠花椰菜分摘成小朵、菜梗部分切厚片。
2. 鍋中煮滾4杯水,關火、等1分鐘,待水溫降至90～95℃時,放下花椰菜浸泡3分鐘,撈出、裝盤。
3. 杏仁片放入烤箱中烤至黃,取出、待涼後撒在綠花椰菜上。可搭配零脂沙拉醬享用。

青花菜番茄湯

材料

- 綠花椰菜 1 棵
- 番茄 1 個
- 鴻喜菇 ½ 盒
- 薑片 1 ～ 2 片

調味料

- 麻油適量
- 鹽適量
- 胡椒粉適量

做法

1. 綠花椰菜摘好、洗淨;番茄洗淨、切塊;鴻喜菇分散開、沖洗一下。
2. 鍋中倒入約1大匙的油,番茄塊和薑片入鍋炒一下,加入5杯水,煮開1分鐘,加入鴻喜菇和綠花椰菜即關火。
3. 加入鹽、麻油和胡椒粉調味即可。

芥汁青花菜

材料

• 綠花椰菜 1 棵

調味料

• 美式芥末醬 1 大匙
• 大蒜泥 1 茶匙
• 橄欖油 1 大匙
• 鹽和胡椒粉各少許

做法

1. 綠花椰菜分成小朵，沖洗一下，瀝乾水分，放入蒸籠中。

2. 蒸鍋水滾後，放上蒸籠，以大火蒸3分鐘，取出裝盤。

3. 調味料先在碗中調勻，拌勻淋在綠花椰菜上或直接沾著吃。

Tips

• 蒸籠底部可以墊上一張蒸紙，或直接放在蒸籠或有洞的蒸板上，若以盤子盛裝會有水氣，取出後要立刻倒掉水，以保持花椰菜的脆度。

花椰菜起司湯

材料

- 綠花椰菜 1 個
- 洋蔥 1 個
- 奶油 2 大匙
- 巧達起司 1 杯
- 蒜末 2 茶匙
- 雞高湯 5 杯
- 牛奶 1½ 杯
- 麵粉 ½ 杯

調味料

- 鹽 ⅔ 茶匙
- 白胡椒粉 ½ 茶匙

做法

1. 綠花椰菜分成小朵；洋蔥切丁。
2. 鍋中放入奶油，奶油溶化後加洋蔥炒至透明微軟，加入蒜末和白胡椒粉拌炒，加入綠花椰菜再炒一下，倒入雞高湯，大火煮滾後改小火煮10分鐘。
3. 牛奶與麵粉混合攪勻，淋到雞湯中並同時攪拌使湯汁濃稠，改小火，加入巧達起司，慢慢攪至起司溶化。
4. 加鹽調味即可。

Tips

- 西式的這道湯把花椰菜煮得較軟爛，如果喜歡吃脆一點的話，可以只煮3～5分鐘。

空心菜

功效

降膽固醇、降血糖、降血壓、促進腸胃蠕動、利尿、消腫、護眼。

成分

膳食纖維、維生素 A、β-胡蘿蔔素、維生素 B2、B6，葉酸、維生素 C、鈉、鉀、鈣、鎂、鐵、磷、銅、葉綠素、葉黃素、槲皮素。

產季

春夏秋（4～10月）

預防疾病

便祕、糖尿病、高血壓、高血脂、心血管疾病。

挑選原則

葉子無泛黃破損、整株外觀完整無根鬚、底部切口無腐爛變色，可以依照自身喜好來挑選莖管粗細，細的口感細嫩、粗的口感清脆。

空心菜薑絲湯

材料

- 空心菜 1 把
- 豆包 2 片
- 薑絲 1 小撮

調味料

- 麻油少許
- 鹽少許
- 香菇精少許
- 胡椒粉少許

做法

1. 空心菜摘好,切段;豆包切小片。
2. 鍋中煮滾5杯水,加入豆包、薑絲,煮滾後加入鹽和香菇精調味,放下空心菜,再一滾即可關火,滴下麻油並撒下胡椒粉。

辣炒空心菜梗

材料

- 空心菜 1 把
- 豆乾 6 片
- 大蒜 2 粒
- 紅辣椒 1 支

調味料

- 醬油 2 茶匙
- 麻油數滴
- 鹽少許
- 香菇精少許

做法

1. 空心菜梗切成丁,葉子留做他用。
2. 豆乾切丁;大蒜拍碎;紅辣椒去籽、切丁。
3. 用2大匙油炒香大蒜和辣椒,放入豆乾丁再炒香,淋下醬油,放下空心菜梗和2大匙水,加鹽和香菇精,中火炒拌均勻。

菠菜

功效
補血、止渴潤燥、利五臟、調節腸胃功能、通血脈、抗氧化、明目。

成分
膳食纖維、維生素 A、β-胡蘿蔔素、維生素 B2、菸鹼酸、葉酸、維生素 C、維生素 K、鉀、鈣、鎂、鐵、葉黃素、槲皮素。

產季
冬季（11～2月）

預防疾病
高血壓、心血管疾病、夜盲症、乾眼症、便祕、消化不良。

挑選原則
葉片無發黃濕軟、莖管無彎折裂開、根部帶紫紅色。

涼拌菠菜

材料

- 菠菜 400 公克
- 白芝麻 1 大匙

調味料

- 淡色醬油 ½ 大匙
- 味醂 1 大匙
- 柚子醋 ½ 大匙
- 鹽 1 茶匙
- 橄欖油 1 茶匙

做法

1. 菠菜整支洗淨。鍋中燒滾4杯水，加入鹽和橄欖油，關火，把菠菜的梗部先浸入水中，浸30秒鐘後整支放入，燙至菠菜微軟，取出並瀝乾水分。切去根部、再切成段，排入盤中。

2. 調味料調勻後淋在菠菜上，撒上炒過的白芝麻即可。

菠菜豬肝湯

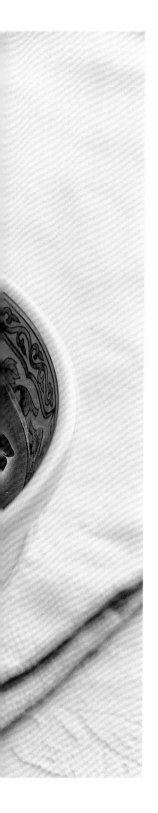

材料
- 豬肝 200 公克
- 番茄 1 個
- 菠菜 250 公克
- 蔥 1 支

醃豬肝料
- 醬油 ½ 大匙
- 酒 ½ 大匙
- 太白粉 1 大匙
- 鹽和胡椒粉各 ¼ 茶匙

調味料
- 醬油 1 茶匙
- 鹽 ½ 茶匙
- 胡椒粉少許

做法

1. 豬肝待要下鍋煮之前才切成薄片,用醃豬肝料拌勻,只醃2～3分鐘。全部倒入滾水中,以極小火泡煮10～15秒鐘,馬上撈起,泡入冷水中漂洗一下,瀝乾。
2. 番茄切塊;菠菜切段;蔥切段。
3. 起油鍋用2大匙油爆香蔥段,放下番茄塊同炒,待番茄微軟時,淋下醬油和適量的水,煮2分鐘。
4. 改小火,放入豬肝和菠菜,一滾即關火,加鹽和胡椒粉調味即可裝碗。

Tips
- 這是一道非常補血、營養的湯,豬肝和菠菜都富含鐵和維生素,不加豬肝亦可改用牛肉片或豬肉片。
- 這道湯的功夫在豬肝要煮得嫩,不要老,從選材就要注意,要選顏色比較粉嫩的粉肝,顏色太深紅的豬肝本身就老。
- 豬肝泡煮的時間不可過久,一撈起要立即泡入冷水中,一方面去血水,另一方面降溫。

菠菜捲

材料

- 菠菜 300 公克
- 高麗菜葉 2 大片
- 枸杞子 2 大匙

調味料

- 味噌 2 茶匙
- 麻油少許
- 味醂 1 大匙

做法

1. 菠菜整株洗淨、燙熟、沖涼,擠乾水分,再把根部切掉備用。

2. 高麗菜葉燙熟,撈出沖涼,把硬梗部分片薄、修整。

3. 將整株菠菜鋪放在高麗菜葉上,捲緊成筒狀,切小段裝盤。

4. 枸杞子用水沖洗一下,用適量溫水泡1分鐘,取出枸杞子、撒在盤中。

5. 用泡枸杞子的水來調勻調味料,淋在菠菜上即可。

柴魚菠菜

材料

- 菠菜 300 公克
- 柴魚片 1 小包
  （或 5 公克）

調味料

- 柴魚醬油適量
  （或醬油膏）

做法

1. 菠菜洗淨，剪去根鬚，但是不要剪太多，要使菠菜仍連在一起，泡在水中除去沙泥。
2. 鍋中煮滾4杯水，先放下菠菜根部，汆燙至微軟後，再將整支放下，快速燙一下，取出，泡入冰水中泡涼。
3. 整支菠菜擠乾水分，切段，排盤。淋上柴魚醬油或醬油膏，再撒上柴魚片。

Tips

- 青菜用燙的最清爽，淋的醬汁也可以變化，蒜泥醬油、肉燥、紅蔥油、日式柚子醋、柴魚醬油都可以使用。

地瓜葉

功效

促進腸胃蠕動、降血壓、抗氧化、淨化血液、通乳、護眼。

成分

膳食纖維、維生素 A、β-胡蘿蔔素、維生素 B1、B2、B6，菸鹼酸、維生素 C、鉀、鈣、鎂、鐵、磷、銅、槲皮素、楊梅素、芹菜素、山奈酚。

產季

春夏秋（4 ～ 11 月）

預防疾病

心血管疾病、糖尿病、貧血、便祕、癌症。

挑選原則

葉片寬大厚實、翠綠、無腐爛變黃，葉梗選淺綠色、切口無乾燥或是纖維化、葉柄可輕鬆折斷。

炒地瓜葉

 材料　 調味料

- 地瓜葉 300 公克
- 枸杞子 1 大匙
- 薑絲 1 大匙

- 鹽適量

 做法

1. 枸杞子洗淨，以適量水略為泡軟；地瓜葉摘好、洗淨備用。
2. 鍋中放入2大匙油，燒熱後先爆香薑絲，再加入枸杞子炒香。
3. 最後加入地瓜葉拌炒，加鹽調味即可。

地瓜葉拌豆乳醬

 材料　 調味料

- 地瓜葉 300 公克

- 豆腐乳 ½ 小塊
- 味醂 1 大匙
- 麻油 ½ 大匙

 做法

1. 豆腐乳壓成泥，加味醂和麻油調好備用。
2. 地瓜葉洗淨、瀝乾水分，放入95℃的熱水鍋中浸泡約1分鐘，撈出、瀝乾，淋上調味汁，拌勻即可。

蘆筍

功效

暖胃、寬腸、潤肺、利尿、止咳、去熱、促進腸胃蠕動、排除毒素、幫助消化。

成分

膳食纖維、維生素 A、β-胡蘿蔔素、維生素 B2、菸鹼酸、維生素 C、維生素 E、鉀、鈣、鎂、鐵、磷、銅、槲皮素、皂素、葉黃素、芸香素。

產季

春夏秋（3～11 月）

預防疾病

高血壓、動脈硬化、心臟病、肝炎、水腫。

挑選原則

外觀直挺無倒軟、筍尖鱗片緊密、體形肥碩、底部無紫紅色、聞起來有清香味、外表色澤油亮。

烤綠蘆筍

材料

- 蘆筍 200 公克
- 酸豆 1 大匙
- 大蒜 2 粒（切片）

調味料

- 橄欖油 ½ 大匙
- 鹽少許

做法

1. 蘆筍切去老的尾端，再一切為兩段。
2. 滾水中加入1茶匙鹽，放下蘆筍燙一下即撈出，放入冷水中沖涼，擦乾水分。
3. 把蘆筍放入烤盤中，撒上大蒜片和酸豆，再淋下橄欖油拌勻。
4. 烤箱預熱至180℃，放入蘆筍烤5分鐘，取出後可撒上少許鹽調味。

Tips
- 做法2中，蘆筍先用加鹽的滾水燙一下，並馬上沖冷水降溫，可以縮短烘烤的時間，進烤箱前記得把水分拭乾，大約烤5分鐘即可取出，吃起來多汁青脆。

脆蘆筍佐鮪魚醬

材料

- 綠蘆筍 5 支
- 鮪魚罐頭 1 小罐

拌料

- 蛋黃 1 個
- 橄欖油 120c.c.（約 8 大匙）
- 檸檬汁 1 茶匙
- 鹽 ⅓ 茶匙
- 胡椒粉適量

做法

1. 粗綠蘆筍削去老硬的外皮，斜切成段；細的蘆筍只要切去一點尾端，切成段即可使用。
2. 蛋黃放在大碗中，一手持打蛋器打蛋黃，另一手慢慢將橄欖油淋入蛋黃中，將蛋黃打成蛋黃醬，再加入其他拌料攪勻。
3. 倒出鮪魚罐頭中的油，魚肉略壓碎，將鮪魚調入蛋黃醬中，做成鮪魚醬，調整味道。
4. 鍋中煮滾4杯水，水中加1茶匙鹽，放入蘆筍，汆燙至熟（粗細不同的蘆筍汆燙時間有差），撈出，立刻泡入冰水中，使蘆筍不再繼續熟化，保持脆度。
5. 蘆筍瀝乾水分後倒入大碗中，和鮪魚醬拌勻即可裝盤。

Tips

- 蛋黃醬是做西式沙拉的主要醬料之一，自製的蛋黃醬較新鮮、健康，且可以自己決定口味，唯一要注意的是要慢慢加入橄欖油，以免打不勻。
- 基本蛋黃醬打好後可以變化成不同口味，例如芥末、大蒜、藍莓、芒果、水蜜桃等水果口味。

培根蘆筍涼麵

材料

- 培根 5 片
- 義大利麵 100 公克
- 綠蘆筍 100 公克
- 洋蔥 ¼ 個
- 紅甜椒 ¼ 個

調味料

- 特級橄欖油 2 大匙
- 紅酒醋 2 大匙
- 鹽 ⅓ 茶匙
- 胡椒粉少許

做法

1. 綠蘆筍削除老硬的外皮，斜切成片，如用細蘆筍則直接切段即可，放入加鹽的熱水中燙一下，撈出後泡入冰水浸涼。

2. 洋蔥切碎；紅甜椒去籽、切成細絲；培根切成細絲。

3. 義大利麵煮熟，沖涼，瀝乾水分。

4. 將1大匙橄欖油倒入炒鍋，加入培根絲用中火爆香，炒至略變色，加洋蔥碎再炒香，以鹽和胡椒粉調味，關火盛入大碗。

5. 紅酒醋加入培根中，再倒入1大匙橄欖油拌勻，放下綠蘆筍、紅甜椒絲和義大利麵，拌勻即可裝盤。

Tips

- 為了保持蘆筍翠綠，汆燙時熱水中應加少許鹽，快速燙過後要立刻泡入冰水。

培根炒綠蘆筍

材料

- 培根 3 片
- 綠蘆筍 150 公克
- 新鮮香菇 3～4 朵
- 蒜末 ½ 茶匙

調味料

- 鹽 1 茶匙
- 鹽少許
- 胡椒粉少許

做法

1. 培根切成小片；綠蘆筍切段；新鮮香菇切條。

2. 鍋中煮滾4杯水，加入1茶匙鹽，放下蘆筍汆燙一下，撈出後沖水至冷。

3. 香菇放入水中也快速的燙一下，撈出、沖涼，擠乾水分。

4. 起油鍋，用少許油炒香培根片，中火炒至培根出油時，放入蒜末，炒香後加入香菇和綠蘆筍，淋下1～2大匙的水炒勻，撒下少許鹽和胡椒粉調味。

碧綠魚捲

材料

- 石斑魚肉 450 公克
- 蘆筍 8 支
- 紅甜椒 ¼ 個
- 蔥 2 支

調味料（1）

- 鹽、酒各少許
- 鹽、胡椒粉各少許

調味料（2）

- 蠔油 ½ 茶匙
- 酒 1 茶匙
- 麻油 ½ 茶匙
- 油 ½ 茶匙
- 鹽 ¼ 茶匙
- 太白粉 ½ 茶匙

做法

1. 魚肉打斜切成大片，排在砧版上，撒少許鹽和酒，拍勻，放置一下。
2. 將蘆筍削去硬皮，用熱水汆燙1分鐘（水中加少許鹽），撈出後用冷水沖泡至涼。
3. 切下蘆筍嫩的尖端，包捲入魚片中。魚捲排在抹油的蒸盤中，放上2支蔥，蒸5分鐘便可取出魚捲，換入餐盤中。
4. 其餘部分的蘆筍切長段，和切成粗絲的紅甜椒同炒一下，加少許鹽和胡椒粉調味，盛入盤中。
5. 將調味料（2）加 ⅔ 杯的水煮滾後，淋在魚捲和炒蘆筍上。

蘆筍雞球湯

材料

- 雞腿 1 支
- 荸薺 5 粒
- 粗綠蘆筍 3 支
  （或細蘆筍 10 支）
- 雞蛋 1 個
- 蔥 1 支
- 薑 2 片
- 清湯 5 杯
  （或水）

拌雞腿料

- 鹽 ⅓ 茶匙
- 蛋白 1 大匙
- 太白粉 1 茶匙
- 麻油 2 ～ 3 滴
- 白胡椒粉少許

調味料

- 鹽、胡椒粉、麻油
  各適量

做法

1. 雞腿去骨、去皮後剁碎，放入大碗中；荸薺拍一下，剁碎，擠去水分，也放入碗中；綠蘆筍削去老皮，切斜段；蛋液打散，煎成蛋皮，切成絲。

2. 蔥、薑拍一下，加入3大匙水，浸泡一下，做成蔥薑水。雞腿中加入拌雞腿料和蔥薑水，攪拌至有黏性。

3. 清湯煮滾，將雞肉擠成球形放入湯中，以中小火煮至雞球浮起。加入蘆筍段，湯一煮滾即加調味料調味，關火後撒蛋皮絲。

Tips
- 雞肉不要剁得太細，有小顆粒才更有口感。

6hapter

蕈 類

木耳和香菇皆屬熱門的排毒食物之一，木耳熱量低、富含膳食纖維，有些人會當成減重食物，但性冷、偏寒涼，腸胃虛弱的人不宜多吃。香菇則能降血壓、抗癌、養顏美容，須特別注意痛風與腎臟病患者不宜食用，腸胃疾患者也不宜過量食用。

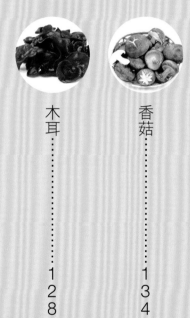

木耳

功效

補氣、潤肺、活血、養胃、消痔通便、降膽固醇、抗血栓、幫助消化、提升免疫力、減肥。

成分

膳食纖維、維生素 B1、B2、B12，鈣、鎂、鐵、磷、銅、多醣體。

產季

一年四季

預防疾病

貧血、動脈硬化、糖尿病、心血管疾病、便祕、胃潰瘍。

挑選原則

新鮮木耳：外觀完整無破碎、有彈性、顏色黑、無怪味、無發霉。

乾燥木耳：質地輕、雜質少、無受潮（用手搓木耳，手鬆開後若伸展緩慢者不佳）。

木耳香菇湯

材料

- 新鮮木耳 1 杯
- 新鮮香菇 3 朵
- 豌豆莢 10 片
- 薑絲 1 大匙

調味料

- 麻油少許
- 鹽適量

做法

1. 將新鮮木耳摘去硬的根部,洗淨、瀝乾,撕成小朵。

2. 新鮮香菇切片;豌豆莢摘好,備用。

3. 取5杯水入湯鍋煮滾,加入薑絲、木耳,先煮3分鐘後;放入香菇和豌豆莢煮至熟,最後加入鹽和麻油調味,即可盛碗上桌。

炒木耳

材料

- 乾木耳 2 大匙
- 黃瓜 1 支
- 筍 1 小支
- 蔥 1 支

調味料

- 淡色醬油 ½ 大匙
- 味醂 1 茶匙
- 麻油數滴
- 鹽適量

做法

1. 乾木耳泡水至完全發脹，摘去硬的根部，多沖洗幾次，如有大朵的要撕小一點。

2. 黃瓜切片；筍去殼、切片；蔥切段。

3. 鍋中熱油1大匙，炒香蔥段和筍片，加 ½ 杯水和適量鹽，將筍片煮熟。

4. 放入木耳和淡色醬油、味醂，再煮2～3分鐘，最後放下黃瓜片，炒至黃瓜變較深色即可滴下麻油，盛盤。

涼拌木耳

材料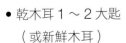

- 乾木耳 1 ～ 2 大匙
  （或新鮮木耳）
- 西芹 1 支
- 山藥 200 公克
- 蔥末 ½ 大匙
- 薑末 2 茶匙

調味料

- 芥末醬 1 茶匙
- 淡色醬油 ½ 大匙
- 醋 1 茶匙
- 味醂 1 茶匙
- 麻油 ½ 茶匙
- 鹽適量

做法

1. 木耳摘好，撕小朵一點，用熱水汆燙一下，
   撈出、瀝乾水分，放在盤子上。
2. 西芹削去老筋，切成寬條，在水中快速汆燙
   5秒鐘，撈出，放在木耳上。
3. 山藥削皮後切成粗條，也放在木耳上。
4. 調味料調勻，拌入蔥末和薑末，淋在木耳上
   即完成。

木耳小炒

材料

- 絞肉 150 公克
- 乾木耳 3 ～ 4 大匙
- 芹菜 4 支
- 紅辣椒 1 支
- 香菜 3 支

調味料

- 醬油 1 大匙
- 鹽 ½ 茶匙
- 麻油適量
- 胡椒粉適量

做法

1. 乾木耳泡軟後剁碎；芹菜切小粒；香菜取梗子部分，切成小段；紅辣椒去籽，也切碎。

2. 起油鍋燒熱3大匙油，放入絞肉炒一下，待絞肉變色已熟時，先淋下½大匙的醬油和絞肉一起炒透，使絞肉有香氣，再加入木耳一起大火翻炒。

3. 加鹽和胡椒粉調味，再加3 ～ 4大匙的水，以大火炒勻且沒有湯汁，關火後，撒下芹菜粒、香菜段、胡椒粉和紅辣椒碎，滴下麻油，略加拌勻即可起鍋。

Tips

- 絞肉多放一點，拌著麵吃，就又是道營養又有飽足感的便餐了。

木須肉炒餅

材料

- 豬前腿肉 150 公克
- 餅 1 大張
- 水發木耳半杯
  （切絲）
- 菠菜 100 公克
- 筍 1 支
- 雞蛋 2 個
- 蔥花 1 大匙

調味料（1）

- 醬油 ½ 大匙
- 太白粉 ½ 大匙

調味料（2）

- 醬油 1 大匙
- 清湯 ⅔ 杯
- 鹽 ¼ 茶匙

做法

1. 豬肉切絲後，用調味料（1）加1大匙水拌勻，醃上10分鐘左右。
2. 菠菜切成一寸長段；筍煮熟後切絲；蛋液加 ¼ 茶匙鹽打散後，先用少許油炒熟成碎碎的蛋粒。
3. 餅切成寬條。
4. 將 ½ 杯油燒至八分熱，肉絲下鍋過油，待變色即撈出、瀝乾。
5. 僅留下2大匙油，先將蔥花爆香，再加入筍絲、木耳絲及菠菜拌炒一下，再放入餅，並加醬油和 ¼ 茶匙鹽調味，再加入清湯，拌勻燜20秒鐘，大火鏟拌均勻，再加入已炒熟之肉絲及蛋，便可盛出裝盤。

Tips

- 木耳是既營養又好入菜的食材之一，可以多加運用。

香菇

功效

提升免疫力、促進脾胃功能、解毒、養顏美容、降血壓。

成分

蛋白質、膳食纖維、維生素B1、B2、B6，菸鹼酸、葉酸、維生素D、鉀、鎂、鐵、磷、鋅、銅、多醣體。

產季

春夏（3～9月）

預防疾病

癌症、佝僂病、貧血、高血壓、高血脂、消化不良、便祕。

挑選原則

新鮮香菇：蕈傘緊實且飽滿、內裡褶痕明顯、無碰傷或變黃、無出水。

乾燥香菇：蕈傘完整、摺痕乳白或淺褐色、味道香濃無霉味。

蒜烤雙菇

材料

- 杏鮑菇 3 支
- 新鮮香菇 3 ～ 4 朵
- 大蒜 2 粒
- 橄欖油 1 大匙

調味料

- 鹽 ⅓ 大匙
- 黑胡椒粉適量

做法

1. 2種菇類快速的用水涮洗一下，擦乾水分。
2. 杏鮑菇切滾刀塊，香菇一切為4塊，放在烤碗中。
3. 大蒜剁碎，撒在菇類上，再淋橄欖油、鹽和胡椒粉，一起拌一下。
4. 放入預熱至220℃的烤箱中烤12 ～ 15分鐘至菇類微軟、略有焦痕，取出。

Tips
- 如要香氣足一點，可將橄欖油改為奶油。
- 每個牌子的烤箱烤的快慢略有不同，要看烤出來的效果來決定烤的時間長短，需要自己在家裡多嘗試幾次。

香菇栗子燒 _

Tips

- 如用乾栗子，要泡水一夜後，再換水蒸10分鐘，連水浸泡，待稍涼後（尚有熱度，約50℃左右），用牙籤剔除掉栗子夾縫內的紅衣。

材料

- 乾香菇 8 朵
- 新鮮栗子 300 公克
- 綠竹筍 1 支
- 香菜少許

調味料

- 薑 2 片
- 醬油 1 大匙
- 味醂 2 茶匙
- 麻油少許
- 鹽 ¼ 茶匙

做法

1. 新鮮栗子加3杯水，入鍋蒸20分鐘。

2. 香菇泡軟，剪去蒂頭，香菇如太大，可以切小一點；綠竹筍切塊。

3. 用2大匙油炒香薑片，再加入香菇和筍塊稍炒；放入醬油、味醂、2杯水、鹽調味，小火燒至香菇入味（約15～20分鐘）。

4. 加入蒸好的栗子，再煮約5分鐘即可關火，起鍋時滴下麻油。

烤鮮菇

材料

- 新鮮香菇 6 朵
- 杏鮑菇 3 支
- 竹籤 6 支

調味料

- 醬油 1 大匙
- 鹽少許
- 味醂 1 大匙
- 黑胡椒粉少許

做法

1. 新鮮香菇和杏鮑菇用水快速沖一下，以紙巾擦乾，切成塊。

2. 將香菇和杏鮑菇串在竹籤上，塗一層混合好的調味料，放入預熱至240℃的烤箱中，以大火烤至菇類表面變軟、起皺，再刷上一些調味料，烤一下便可取出。

蒜油漬鮮菇

材料

- 蝦米 1 大匙
- 洋菇 1 盒
- 新鮮香菇 6 朵
- 鴻喜菇 1 把
- 九層塔葉數片
- 大蒜 1 ～ 2 粒

拌料

- 橄欖油 3 大匙
- 米醋 3 大匙
  （或水果醋）
- 鹽適量
- 胡椒粉適量

做法

1. 各種菇類快速沖洗一下，瀝乾，洋菇和香菇切成片，鴻喜菇分成小朵。

2. 大蒜拍碎，再剁細一點。蝦米泡軟，摘去頭腳硬殼，大略切幾刀。九層塔葉子剁碎，用紙巾吸乾水分。

3. 鍋中燒滾5杯水，水中加1茶匙鹽，放入菇類快速燙一下，撈出，盡量瀝乾水分，可用紙巾吸乾一點，放入一個碗中。

4. 鍋中燒熱1大匙油，煎香蒜末和蝦米碎，連油倒入裝菇的碗中。

5. 加入拌料拌勻，放至涼，移入冰箱浸泡1小時以上。吃的時候撒下九層塔末拌勻即可。

Tips

- 這是很有洋風的一道鮮菇吃法，可用的菇種類很多，如袖珍菇、雪白菇、杏鮑菇、柳松菇、金針菇、鮑魚菇等，都可用來做這道小菜。

- 也可以放蝦籽（乾鍋炒一下）、扁魚乾（用油炸酥、剁碎）來取代蝦米。用香菜代替九層塔也別有香氣。

蒜拌雙菇

材料

- 新鮮香菇 7 ～ 8 朵
- 袖珍菇 1 盒
- 大蒜 1 粒
- 香菜 1 支

拌料

- 奶油 1 大匙
- 橄欖油 1 大匙
- 鹽 ½ 茶匙
- 黑胡椒粉 ¼ 茶匙

做法

1. 兩種菇類快速沖洗一下，瀝乾水分，香菇切成寬片，袖珍菇視大小而定，小的留整支，大的用手直撕開成兩半。
2. 大蒜剁成細末；香菜洗淨，連梗帶葉一起切碎，與蒜末一起放在大碗中，加入拌料。
3. 鍋中燒開5杯水，水中加1茶匙鹽，先放下香菇，隔20 ～ 30秒後，放入袖珍菇，一滾即撈出，盡量瀝乾，並以紙巾吸乾水分。
4. 燙好的菇類放入大碗，將菇和拌料仔細拌勻，放3 ～ 5分鐘，使菇較入味便可。

Tips
- 各種菇類的組織密度不同，因此下鍋汆燙時要有先後順序，以免薄的太軟而厚實的還未熟透。
- 處理菇類也可以用微波方式，將切好的菇類放入微波爐中，微波2分鐘變可取出來拌。要香氣足些，也可以用烤的。

香菇拌麵

材料
- 細麵 300 公克
- 香菇 5 朵
- 毛豆 2 大匙
  （或青豆）
- 蔥 1 支（切段）
- 太白粉 1 大匙

蒸香菇料
- 醬油 2 茶匙
- 糖 ½ 茶匙
- 油 ½ 茶匙

調味料
- 香菇醬油 2 大匙
- 酒 1 茶匙
- 糖 ½ 茶匙
- 蒸香菇水 ¼ 杯
- 太白粉 ½ 茶匙
- 麻油數滴

做法

1. 香菇用水泡軟，剪去菇蒂，加入約1大匙太白粉抓洗，再用清水沖洗乾淨至沒有黑色渣滓掉落，瀝乾水分。
2. 香菇放在碗中，加入蒸香菇料和1杯水一起蒸20分鐘，取出放涼，切成粗條。
3. 毛豆煮熟，若用冷凍青豆也需放入滾水中氽燙一下。
4. 起油鍋，用約1大匙的油將蔥段爆香，放入調味料、香菇和毛豆一起煮滾。
5. 麵條用多量的水煮熟，撈出，放在大碗中，淋下煮好的香菇料拌勻。

Tips
- 這道拌麵中香菇是主角，最好選厚身一點的花菇，花菇加蒸香菇料一起放進電鍋中蒸，菇身才會入味，也可以用相同的調味料改用滷煮方式讓香菇入味。

四季鮮菇

材料

- 四季豆 200 公克
- 新鮮香菇 5 ～ 6 朵
- 蒜末 1 茶匙

調味料

- 素蠔油 1 大匙
  （或醬油膏）
- 麻油數滴
- 胡椒粉少許

做法

1. 四季豆摘去老筋，斜切成3段；新鮮香菇切成粗條。

2. 鍋中燒熱2大匙油，放入四季豆先炒一下，加約3 ～ 4大匙水燜1 ～ 2分鐘，連湯汁一起盛出。

3. 另用1大匙油爆香蒜末，放下香菇炒一下，倒下四季豆炒勻，加調味料調味，再炒勻即可盛出。

五色如意

材料

- 黃豆芽 150 公克
- 芹菜 2 支
- 胡蘿蔔 1 小段
- 新鮮木耳 2 片
- 新鮮香菇 3 朵

調味料

- 醬油 1 茶匙
- 麻油數滴
- 鹽適量

做法

1. 新鮮香菇切條；芹菜摘好、切段；胡蘿蔔和新鮮木耳分別切絲。
2. 黃豆芽洗淨、瀝乾，用1大匙油炒到微微變軟，加少許鹽調味，盛出。
3. 鍋中再加約1大匙油炒胡蘿蔔，炒軟後加入香菇和木耳再炒，淋下約3大匙水，加醬油和適量鹽調味。
4. 黃豆芽和芹菜加入鍋中，大火炒勻，關火，滴入麻油。

香蒜雙菇

材料

- 新鮮香菇 150 公克
- 洋菇 8 ～ 10 粒
- 蒜末 1 大匙
- 九層塔葉 10 片

調味料

- 醬油 1 大匙
- 糖 ¼ 茶匙
- 黑胡椒粉少許

做法

1. 新鮮香菇切寬條；洋菇視大小一切為兩半或切成3片厚片。
2. 九層塔葉切碎，用紙巾吸乾水分。
3. 起油鍋，用1½大匙油先把洋菇炒一下，炒至洋菇微焦黃，再放入蒜末和香菇同炒。
4. 待香菇變軟時，加入醬油和糖烹香，並加入3大匙水再燜煮一下，至湯汁收乾，撒下黑胡椒粉和九層塔碎。

鮮菇總匯

材料

- 粉絲 1 把
- 草菇 12 個
- 珊瑚菇 150 公克
- 秀珍菇適量
- 香菇適量
- 榨菜片 2 大匙
- 九層塔適量
- 辣椒段 1 大匙
  （去籽）

蒸鮮菇汁

- 高湯 ½ 杯
- 鹽適量

調味料

- 蠔油 1 大匙

做法

1. 粉絲用溫水泡5分鐘後，瀝乾並置於盤中，備用。
2. 草菇用滾水汆燙30秒，瀝乾水分。
3. 將各種鮮菇放入粉絲盤內，撒下榨菜片後再倒入蒸鮮菇汁，上籠蒸8分鐘。
4. 熱油鍋，以2大匙油炒香蠔油加3大匙水後，加入九層塔和辣椒段拌勻，淋在蒸好的鮮菇上便可上桌。

玉版菇盒

材料

- 老豆腐 6 公分見方
- 山藥 100 公克
- 中型香菇 10 個
- 香菜葉 10 小片
- 太白粉 1 大匙

蒸香菇料

- 蔥 1 支
- 薑 2 片
- 醬油 1 大匙
- 香菇水 1 杯
- 糖 ½ 茶匙

調味料

- 鹽 ¼ 茶匙
- 胡椒粉少許
- 太白粉 1 大匙

淋汁

- 胡蘿蔔絲 1 大匙
- 高湯 1 杯
- 鹽 ¼ 茶匙
- 麻油少許
- 太白粉水 1 大匙

做法

1. 泡軟的香菇用剪刀剪去蒂頭，加入蒸香菇料，上鍋蒸10分鐘。取出，瀝乾水分後待涼，在香菇的內部撒上適量的乾太白粉。

2. 老豆腐撒上少許的鹽，入鍋蒸5分鐘，取出待涼（要倒掉水分），連同山藥和調味料入果汁機打成泥。

3. 將豆腐泥鑲在香菇內部，抹平表面後，貼上小片香菜葉，入鍋蒸12分鐘。

4. 淋汁倒入鍋內煮滾，再淋到蒸好的菇盒上便可上桌。

山藥冬菇燉雞湯

Tips
- 若喜歡雞肉有彈性，煮約50分鐘即可加入山藥；如果喜歡湯的味道濃一些，可以煮1個半小時再加山藥。

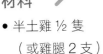

材料
- 半土雞 ½ 隻（或雞腿 2 支）
- 干貝 4 粒
- 香菇 6 朵
- 山藥 450 公克
- 薑 2 片

調味料
- 酒 2 大匙
- 鹽 2 茶匙

做法
1. 將雞連骨剁成3公分大小，全部用開水燙1分鐘。撈出後，將有血塊處摘淨，沖洗乾淨。
2. 香菇用冷水泡軟，剪下菇蒂後切成片；山藥切成滾刀塊。
3. 湯鍋中煮滾8杯水，加入薑片、雞肉塊、干貝和香菇，再淋下酒即可開始煮，煮至喜愛的口感。
4. 加入山藥，再煮10分鐘，加鹽調味即可。

7hapter

豆腐與雞蛋

豆腐和雞蛋皆含有豐富的蛋白質，能夠建構身體組織和肌肉。雞蛋富含卵磷脂、維生素、鐵等，卵磷脂有助於活化腦細胞，但許多人擔心蛋黃有高膽固醇，食用上最好均衡適量。豆腐則不含膽固醇和脂肪，也有助於預防心血管疾病。

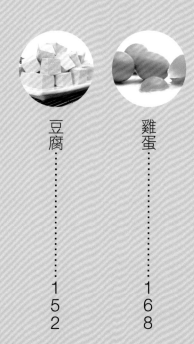

豆腐

功效

促進生長發育、調節生理機能、利尿、解熱毒、清熱潤燥、補脾益胃。

成分

蛋白質、脂肪、醣類、維生素B群、維生素E、鉀、鈣、鎂、鐵、磷、卵磷脂、皂素、大豆異黃酮、植物固醇。

產季

一年四季

預防疾病

高血壓、高膽固醇、心血管疾病、骨質疏鬆、更年期不適、乳癌、大腸癌、攝護腺癌。

挑選原則

形狀完整、略帶微黃、觸感細膩、聞起來有豆香、無異味。

番茄豆腐

材料

- 豆腐 1 塊
- 番茄 2 個
- 蔥 1 支（切段）

調味料

- 醬油 1 茶匙
- 鹽 ¼ 茶匙
- 糖 1 茶匙
- 太白粉水適量

做法

1. 番茄切小丁；豆腐切小方塊。
2. 熱鍋，以2大匙油爆炒蔥段和番茄，見番茄略軟，加入豆腐和 ⅓ 杯水及調味料。
3. 大火燒透後煮約1～2分鐘，使豆腐入味，可用太白粉水略勾芡。

枸杞樹子豆腐

材料

- 豆腐 1 塊
- 樹子 3 大匙
- 枸杞 2 大匙

調味料

- 淡色醬油適量

做法

1. 豆腐切小厚片，用平底鍋稍微煎一下。
2. 把樹子和淡色醬油、½杯水加入鍋中，和豆腐一起燒至入味。
3. 見豆腐湯汁快收乾時，加入枸杞拌勻。

韓風拌豆腐

材料

- 魩仔魚 1 大匙
- 榨菜 1 小塊
- 小黃瓜 ⅓ 支
- 紅辣椒絲少許
- 豆腐 1 塊

拌料

- 蒜泥 ½ 茶匙
- 薑汁 ¼ 茶匙
- 韓國辣醬 1 大匙
- 醬油 1 大匙
- 麻油 1 茶匙
- 糖 1 大匙
- 太白粉水適量

做法

1. 豆腐用冷開水沖洗後切成3～4塊，瀝乾水分，擺在盤中。

2. 榨菜用冷開水洗過、漂淡鹹味，切成細絲；小黃瓜也切成細絲，和榨菜絲一起撒在豆腐上。

3. 鍋中燒熱2大匙油，放下魩仔魚爆炒，炒至魩仔魚變脆，盛出，放在紙巾上吸乾油漬後移至豆腐上，再撒紅辣椒絲。

4. 所有拌料加2大匙水放入小鍋煮滾，待涼後淋在豆腐上即可品嘗。

Tips
- 豆腐容易出水，建議吃之前再次瀝乾水分後裝盤，免得拌汁味道被稀釋變淡。

香菇鑲豆腐

材料

- 豆腐 2 塊
- 鮮香菇 8 朵
- 芹菜末 2 大匙
- 胡蘿蔔末 2 大匙

調味料

- 蛋白 1 大匙
- 糖少許
- 麻油少許
- 鹽適量
- 白胡椒粉適量

做法

1. 香菇洗淨、擦乾，在內部撒上鹽和白胡椒粉各少許，放置3～5分鐘。

2. 豆腐片去老硬的外皮，壓成細泥，並吸乾水分，拌入調味料，攪拌成豆腐泥。

3. 香菇上撒少許太白粉，將豆腐泥鑲在香菇內部，再撒上芹菜末和胡蘿蔔末，上鍋蒸10分鐘至熟。

4. 取出香菇放盤中，蒸出的湯汁澆淋在豆腐上或者再淋一些調過味的湯汁（可略微勾芡），使它光亮滑潤些。

鱈魚蒸豆腐

材料

- 鱈魚 1 片
- 豆腐 2 塊
- 樹子 1～2 大匙
- 蔥 1 支

調味料

- 鹽適量

做法

1. 鱈魚去骨,取下兩邊魚肉,再將肉切成長方塊;蔥切蔥花。

2. 豆腐切成和魚差不多大小的長方片,用少許油稍微煎黃兩面,撒上少許鹽。

3. 把豆腐和鱈魚交錯排放在盤子上,撒上樹子,同時也淋上一些樹子的湯汁。

4. 鍋中用1大匙油,爆香蔥花後,淋在豆腐和鱈魚上。

5. 蒸鍋中水煮滾,上鍋用大火蒸8～10分鐘,魚熟即可關火取出。

高麗豆腐捲

材料

- 絞肉 150 公克
- 老豆腐 2 方塊
- 胡蘿蔔 1 小塊
- 高麗菜 1 棵
- 番茄 1 個
- 蔥花 1 大匙

調味料（1）

- 淡色醬油 1 大匙
- 麻油 ½ 茶匙
- 鹽少量

調味料（2）

- 番茄醬 2 大匙
- 鹽 ½ 茶匙
- 糖 ½ 茶匙

作法

1. 高麗菜在菜梗四周切4道刀口，放滾水中，將外層葉子燙軟取下，取下的高麗菜葉要削去硬梗，並擠乾水分。

2. 老豆腐用刀面壓碎；胡蘿蔔煮軟，切小丁；番茄切小丁。

3. 用1大匙油爆香蔥花，加入豆腐碎炒乾水分，盛入碗中，加入絞肉和胡蘿蔔，同時加調味料（1）拌勻。

4. 用高麗菜葉包絞肉豆腐餡，捲成筒狀菜捲。

5. 炒鍋中用1大匙油把番茄丁炒一下，加入調味料（2）和1杯水，放入高麗菜捲，煮滾後改用中小火煮6～8分鐘。

6. 嘗一下味道，適量調整後裝盤，淋下湯汁（如湯汁仍多時，可以用大火收乾一些）。

釀豆腐

材料

- 絞肉 200 公克
- 豆腐 4 塊
- 扁魚乾 1 ～ 2 片
- 蔥花 1 大匙
- 蔥絲 1 大匙
- 薑汁 1 茶匙

調味料（1）

- 淡色醬油 1 大匙
- 酒 1 大匙
- 鹽 ¼ 茶匙
- 白胡椒粉少許
- 太白粉 2 茶匙

調味料（2）

- 蠔油 1 大匙
- 醬油 1 茶匙
- 麻油少許
- 太白粉水 2 茶匙

做法

1. 豆腐每一塊對角切一刀，切成2個小三角形。
2. 扁魚乾用油慢慢煎香，待涼後剁成細末（約有1大匙的量）。
3. 絞肉再剁過後，加入扁魚末、蔥花、薑汁和調味料（1），仔細調拌均勻，視絞肉情況，可再加水1 ～ 2大匙。
4. 在豆腐斜角的一邊挖去少許豆腐泥（可拌入絞肉餡中），撒少許鹽和乾太白粉後，釀入絞肉餡。
5. 炒鍋中燒熱2大匙油，放下釀豆腐，肉面朝下放，待煎黃後再翻面，加入1½杯水或清湯、蠔油和醬油，煮滾後蓋上鍋蓋轉小火煮4 ～ 5分鐘。
6. 盛出豆腐裝盤，鍋中湯汁勾芡後淋下麻油、撒蔥絲，淋在豆腐上即可上桌。

大頭菜拌木棉豆腐

材料

- 木棉豆腐 1 塊
- 大頭菜絲 2 大匙
- 熟筍絲 2 大匙
- 花生米 2 大匙
- 蔥花 1 大匙

調味料

- 醬油 1 大匙
- 麻油適量
- 醋 1 茶匙
- 糖 1 茶匙

做法

1. 木棉豆腐用手掰成小塊（或用叉子略壓一下），放入碗中。
2. 加入大頭菜絲、筍絲、花生米和蔥花，加入調味料拌勻，即可裝入盤中。

Tips

這道拌豆腐建議用木棉豆腐來做，口感較好且吃得到豆腐的香味。

納豆蘋果拌豆腐

材料

- 嫩豆腐 1 塊
- 納豆 2 大匙
- 蘋果 ⅓ 個
- 白芝麻 1 ～ 2 茶匙

調味料

- 山葵少許
- 醬油膏適量

做法

1. 豆腐沖一下水，瀝乾水分，放在盤子上。
2. 蘋果削皮，切成小丁，放在碗中和納豆、山葵拌勻。
3. 納豆和蘋果一起放在豆腐上，撒上芝麻，再淋上醬油膏。

豆漿豆腐

材料

- 豆腐 1 塊
- 豆漿 2 杯
- 日式高湯 2 杯

調味料

- 蔥花 1 大匙
- 辣椒末 1 茶匙
- 醬油 2 大匙
- 柚子醋 1 大匙

做法

1. 豆漿和日式高湯混合放入鍋中。
2. 豆腐整塊放入豆漿中同煮，煮2 ～ 3分鐘熱透即可關火（如用木棉豆腐可掰成小塊再煮，以保留豆腐香氣）。
3. 調味料拌勻成沾醬，一起上桌。

柚醋拌豆腐

材料

- 嫩豆腐 1 塊
- 海帶芽 2 大匙
- 小豆苗 2 大匙
- 柚子絲 1 大匙

調味料

- 柚子醋 2 大匙
- 淡色醬油 1 大匙
- 橄欖油 1 大匙
- 鹽適量

做法

1. 豆腐用大湯匙舀出成厚片狀，放在盤中。
2. 海帶芽用冷水泡至脹開；小豆苗洗淨，瀝乾；葡萄柚皮或柳橙皮片去白色部分，切成細絲。
3. 將3種配料散放在豆腐上，再淋上調味料即完成。

Tips
- 葡萄柚、柳橙、柚子、檸檬一類的外皮都有一種香氣，但要修掉白色部分才能除去苦味。

紅麴豆腐沙拉

材料

- 豆腐泥 2 大匙
- 高麗菜 100 公克
- 芹菜 100 公克
- 玉米粒 2 大匙

調味料

- 紅麴 1 大匙
- 橄欖油 2 大匙
- 鹽 ⅓ 茶匙

做法

1. 高麗菜洗淨，切絲；芹菜洗淨，切段，2種蔬菜一起泡入冰水中約10餘分鐘。

2. 豆腐用刀面壓成泥（尚保有少許顆粒），拌入橄欖油攪勻，再調入紅麴和鹽拌勻，做成沙拉醬汁。

3. 高麗菜和芹菜瀝乾水分，裝盤，再加玉米粒，淋上沙拉醬即可。

Tips
- 紅麴可以在有機材料店或傳統食品材料行購得。

豆腐綜合煮

材料

- 乾海帶 1 小段
  （高湯用）
- 乾海帶 1 小段
- 柴魚 ½ 杯
- 豆腐 1 大塊
- 大白菜 150 公克
- 四季豆 75 公克

調味料

- 日式高湯 4 杯
- 醬油 2 大匙
- 味醂 2 大匙
- 鹽適量

做法

1. 製作日式高湯：取1小段乾海帶擦拭乾淨後，放入6杯水中，煮至
   90～95℃未滾之時，即可夾出海帶，放入柴魚片，續煮1分鐘。
2. 撈去湯內浮沫後蓋上鍋蓋，熄火靜置20分鐘，再過濾掉柴魚，即為清
   澈鮮美的日式高湯，如要高湯非常清澈，可用細棉布過濾。
3. 另取乾海帶泡軟，切成小段；豆腐切塊狀。
4. 大白菜切段；四季豆摘好，對折，用滾水汆燙2分鐘。
5. 調味料煮滾，依序排入豆腐、大白菜、海帶，煮至入味且大白菜和海
   帶稍軟後，加入四季豆，再煮約2分鐘即可上桌。

Tips

- 日式高湯的品質，取決於海帶的等級，最好選優良的日本北海道產品，
  不需清洗及浸泡，只要用紙巾擦拭即可入鍋煮。中國、阿根廷、澳洲的
  海帶，適合滷、煮，因這些產地的海帶質地較硬，煮出來的汁液會呈黏
  稠狀，不適用於日式高湯。

青蔬豆腐細麵

材料

- 細麵條 150 公克
- 蒟蒻蝦仁 6 隻
- 豆腐 1 塊
- 青江菜 2 棵
- 新鮮香菇 1 朵

調味料

- 肉燥 1 大匙
- 高湯 4 杯
- 麻油少許
- 鹽適量
- 胡椒粉少許

做法

1. 高湯加鹽在鍋中煮滾待用。
2. 豆腐切厚片；青江菜、香菇洗淨，修整好。
3. 將細麵條、青江菜、蒟蒻蝦仁分別用水燙約 7 ～ 8分熟。
4. 把麵條和豆腐片放入做法1的高湯內煮透，接著加入蒟蒻蝦仁、香菇、青江菜再煮滾，最後加入肉燥，撒下胡椒粉、麻油即可。

優格豆腐沙拉

材料

- 嫩豆腐 1 塊
- 西生菜 60 公克
- 黃瓜 1 條
- 罐頭鳳梨片 2 片
- 小番茄 4 ～ 5 粒
- 吐司 1 ～ 2 片
- 奶油適量

調味料

- 優格 3 ～ 4 大匙
- 鹽適量

做法

1. 嫩豆腐放在篩網上，過篩磨成細泥（約有 2 ～ 3 大匙），拌入優格調勻，可適量的加少許鹽調味，做成優格沙拉醬。

2. 吐司先塗上少許奶油，切成丁狀，放入烤箱烤成金黃酥脆的麵包丁。

3. 西生菜切寬條；黃瓜切片；小番茄切適當大小；鳳梨片切塊，一起裝入盤中，淋上優格沙拉醬，撒上烤好的麵包丁。

雞蛋

功效

健腦、益智、護眼、養顏美容、促進生長發育。

成分

蛋白質、脂肪、維生素A、維生素B1、B2、B6、B12,菸鹼酸、葉酸、維生素D、維生素E、鈉、鉀、鈣、鐵、磷、卵磷脂、葉黃素、卵黃素。

產季

一年四季

預防疾病

脂肪肝、衰老、黃斑部病變、夜盲症、乾眼症。

挑選原則

表面粗糙、無裂痕、無破裂、搖晃時無蛋黃晃動感。

三色蛋

材料

- 雞蛋 4 個
- 皮蛋 2 個
- 熟鹹鴨蛋 3 個

調味料

- 油 1 大匙
- 鹽 ¼ 茶匙

做法

1. 皮蛋放入水中煮5分鐘，取出，剝殼，各切成6小瓣；鹹鴨蛋各切成8小瓣。

2. 雞蛋加調味料、4大匙水打散，取一半蛋液加入鹹蛋，再倒入方形模型中（模型中先鋪上一層保鮮膜或塗一層油），入蒸鍋先以中火蒸5分鐘，再轉小火蒸10分鐘。

3. 皮蛋放入另一半的蛋液中，掀開蒸鍋鍋蓋，倒入蒸盤中，續蒸10 ～ 12分。

4. 待三色蛋稍涼後倒扣取出，切厚片盛盤即可上桌。

蝦仁豆腐蒸蛋

材料

- 蝦仁 6 隻
- 豆腐 1 塊
- 雞蛋 3 個
- 豌豆莢少許
- 清湯 ¾ 杯

調味料

- 淡色醬油 2 茶匙
- 酒 ½ 茶匙
- 鹽 ½ 茶匙
- 白胡椒粉少許

做法

1. 蝦仁切成大丁,用少許鹽和胡椒粉抓拌一下。
2. 每片豌豆莢切成2小片,或替換成青豆、切丁的蘆筍、四季豆等綠色蔬菜。
3. 蛋液加調味料一起打散至均勻;豆腐切除硬的邊皮,壓成細泥狀,過篩後拌入蛋汁中,再加入清湯一起拌勻。
4. 將蝦仁和豌豆片放入蛋液中,上蒸鍋蒸至熟,約12 ～ 15分鐘。

蝦仁雞肉蛋捲

材料

- 雞胸肉 100 公克
- 蝦仁 10 隻
- 雞蛋 3 個
- 紅椒適量
- 巴西里適量

調味料（1）

- 米酒 1 茶匙
- 油 1 大匙
- 鹽 ¼ 匙
- 胡椒粉適量
- 太白粉 1 茶匙

調味料（2）

- 鹽 ⅙ 茶匙
- 糖少許
- 太白粉 ½ 茶匙

做法

1. 將雞胸肉和蝦仁分別剁碎,再和調味料（1）加1大匙水一起放入碗中拌勻,做成內餡。

2. 調味料（2）的太白粉先和1茶匙水調勻,再和鹽、糖一起放入蛋液中,打勻。

3. 鍋子加熱後塗上少許油,倒入一半的蛋液,轉動鍋子,煎成圓形蛋皮,取出。（可做2張蛋皮）

4. 將一半的餡料放在蛋皮上,捲成春捲型,接口處再塗一些蛋汁,接口朝下盛入塗了少許油的盤中,放入蒸鍋中,以中小火蒸10分鐘至熟。

5. 取出後切成厚片,排入盤中,以紅椒、巴西里點綴。

馬鈴薯蛋沙拉

材料

- 馬鈴薯 2 個
  （約 400 公克）
- 胡蘿蔔 ½ 支
- 小黃瓜 1 支
- 蘋果 1 個
- 雞蛋 5 個
- 美乃滋 4 ～ 5 大匙

調味料

- 鹽 ½ 茶匙
- 黑胡椒粉少許

做法

1. 把馬鈴薯、胡蘿蔔和雞蛋洗淨，放入鍋中，加水煮熟，先取出胡蘿蔔，約煮12分鐘時取出蛋，馬鈴薯再煮至沒有硬心的程度。

2. 胡蘿蔔切成小片；水煮蛋切碎；馬鈴薯剝皮後切成塊。

3. 小黃瓜切片，用少許鹽醃一下，擠乾水分；蘋果連皮切丁。

4. 所有材料放在大碗中，加入調味料和美乃滋拌勻，放入冰箱冰1小時後更可口。

玉子燒

材料

- 雞蛋 4 個

調味料

- 淡色醬油 1 茶匙
- 柴魚高湯 2 大匙
- 味醂 2 茶匙

做法

1. 蛋液打散，加入調味料調勻，用篩網過濾一次。
2. 方型平底鍋（日式玉子燒用的鍋具）加熱，以紙巾沾油，塗抹在鍋內，倒入 ¼ 蛋汁，用小火煎至7分熟，一面煎、一面從一邊捲起，慢慢捲至另一邊。
3. 將蛋捲拉回原位，再倒入 ¼ 蛋汁，煎後再捲起，重複做完全部蛋汁，再以小火將表面煎至喜愛的焦黃程度。
4. 取出蛋捲，放在壽司竹簾上，捲起竹簾，固定蛋捲形狀，吃之前再切片。

Tips
- 煎的時候煎久一點，使底面略呈焦黃，捲起來後便有紋路產生。

蔬菜蛋捲

材料

- 高麗菜 200 公克
- 細蘆筍 12 支
- 雞蛋 3 個

調味料（1）

- 美乃滋 1 大匙
- 黃色芥末醬 ½ 大匙
- 鹽 ½ 茶匙

調味料（2）

- 鹽少許
- 太白粉 ½ 茶匙

做法

1. 高麗菜切成細絲，拌上 ½ 茶匙鹽醃10分鐘，待出水變軟後擠去鹽水，拌上美乃滋和黃色芥末醬。

2. 細蘆筍切除尾端較老的部位，放入熱水中燙一下，再泡入冷水泡涼，瀝乾。

3. 太白粉加1茶匙水調勻，倒入蛋液，再加少許鹽，打散後過篩一次，煎成2張蛋皮。

4. 將高麗菜絲鋪在蛋皮上約3～4公分寬，再放上蘆筍，捲起蛋皮，包成春捲型，接口處用美乃滋黏合。

5. 切成一口大小，排入盤中。

番茄炒蛋

材料

- 番茄 2 個
- 雞蛋 4 個
- 蔥 1 支（切段）

調味料（1）

- 鹽 ¼ 茶匙

調味料（2）

- 淡色醬油 1 大匙
- 鹽 ¼ 茶匙
- 糖 1 茶匙

做法

1. 番茄的頂端用刀子切劃4刀，切成口字型，再在尾端切十字刀口，放入開水中燙約1分鐘，至番茄皮裂開，撈出，泡入冷水中，過一會兒便可將皮剝掉，番茄切成塊。

2. 蛋液加調味料（1）打勻，鍋中熱2大匙油，將蛋炒至熟，盡量炒成大塊，盛出。

3. 另用1大匙油將蔥段爆香，放入番茄拌炒片刻，加入調味料（2）、水 ⅓ 杯，小火煮3分鐘。

4. 倒下炒好的蛋塊，炒勻後再燒1分鐘即可。

海苔蛋花湯

材料

- 蝦皮 1 大匙
- 海苔 1 大張
- 雞蛋 2 個
- 蔥花 1 茶匙

調味料

- 醬油 1 茶匙
- 麻油 ½ 匙
- 鹽 ½ 茶匙

做法

1. 蛋液仔細打散，不要打至起泡。蝦皮放在乾淨沒有油的鍋中，以小火炒一下，盛放入湯碗中。

2. 海苔撕成小片，也放入湯碗中，再放入調味料和蔥花。

3. 鍋中煮滾4杯水，改成小火，將蛋汁倒入水中，一邊倒，手一邊轉一圈，過5秒鐘後，用湯勺輕輕推動一下湯汁，待蛋花飄起，全部倒入湯碗即完成。

滑蛋牛肉粥

材料

- 嫩牛肉 150 公克
- 米 1 杯
- 雞蛋 4 個
- 蔥花適量
- 嫩薑絲適量
- 高湯 1 杯

調味料（1）

- 醬油 2 茶匙
- 小蘇打粉 ⅙ 茶匙
  （或嫩精少許）
- 太白粉 ½ 茶匙

調味料（2）

- 鹽適量
- 白胡椒粉適量

做法

1. 嫩牛肉逆紋切成薄片，調味料（1）加1大匙水調勻，與牛肉混合抓拌、捽打一下，醃 20 ～ 30分鐘。

2. 米洗淨放入鍋中，加入高湯和6杯水，煮滾後改以小火煮1小時以上，至粥已稠爛，加鹽調味。

3. 放入牛肉待滾，見牛肉變色、已有9分熟，即可盛入碗中。

4. 在碗中打一顆蛋，撒上白胡椒粉和蔥花、嫩薑絲，吃時將蛋拌開，蛋白燙熟即可。

排毒 紓壓
打造輕體質

「128 道清爽料理
徹底淨化身體」

SANYAU
http://www.ju-zi.com.tw

三友圖書
友直 友諒 友多聞

作　　者	程安琪
審　　定	陳怡錞（Donna）
編　　輯	鄭婷尹、林憶欣
美術設計	劉錦堂
校　　對	鄭婷尹、林憶欣

發 行 人	程安琪
總 策 畫	程顯灝
總 編 輯	呂增娣
主　　編	翁瑞祐、羅德禎
編　　輯	鄭婷尹、吳嘉芬 林憶欣
美術主編	劉錦堂
美術編輯	曹文甄
行銷總監	呂增慧
資深行銷	謝儀方
行銷企劃	李　昀

發 行 部	侯莉莉
財 務 部	許麗娟、陳美齡
印　　務	許丁財
出 版 者	橘子文化事業有限公司

總 代 理	三友圖書有限公司
地　　址	106 台北市安和路 2 段 213 號 4 樓
電　　話	(02) 2377-4155
傳　　真	(02) 2377-4355
E － mail	service@sanyau.com.tw
郵政劃撥	05844889 三友圖書有限公司

總 經 銷	大和書報圖書股份有限公司
地　　址	新北市新莊區五工五路 2 號
電　　話	(02) 8990-2588
傳　　真	(02) 2299-7900

製　　版	興旺彩色印刷製版有限公司
印　　刷	鴻海科技印刷股份有限公司

初　　版	2017 年 9 月
定　　價	新台幣 350 元
I S B N	978-986-364-108-7（平裝）

國家圖書館出版品預行編目(CIP)資料

排毒、紓壓、打造輕體質：128道清爽料理，
徹底淨化身體 / 程安琪著. -- 初版. -- 臺北市：
橘子文化, 2017.09
　面；　公分
ISBN 978-986-364-108-7(平裝)

1.食譜
427.1　　　　　　　　　　　106014814

EjiA
珈生技

HEALTHY

美麗推薦 隋棠

易珈生技
穀物水的專家

超濃縮 低溫水萃科技

纖Q 紅豆水

紅豆有絕佳代謝機能，精選營養價值更高的赤小豆，滋潤溫補，適合生理期、孕前與孕後的全時期保養！做個好氣色的女人就靠它。

纖Q 黑豆水

豆類之王，風靡日韓的黑豆食療。花青素不僅養顏美容，還能幫助體內環保，健康輕享受！黑豆更是哺乳媽媽的滋補聖品，讓母愛源源不絕的強力後盾！

纖Q 薏仁水

喝的青春露，眾多明星的私房美顏小物，白薏仁富含多元養顏機能，深層注水，粉嫩透亮，天天喝，素顏也像畫了妝！

2017新包裝
補充營養 美麗不間斷

纖Q王國 易珈生技

安心 純淨 無添加

BRAND STORY

樸優樂活從安心、純淨、 無添加角度出發，秉持誠摯初心與嚴謹把關的

態度，從產地到餐桌把真食物端給客戶，讓您重拾對好食品的信心。

時時刻刻奉行唯有把給珍愛家人的健康好食與更多品牌愛護者分享，才

是品牌自始嚴謹開發商品的初衷。讓每個注重保養人士都能藉由補充有

益身心的的食物感受到對健康的幫助，照顧自己與家人健康之餘，真正

達到邁入無齡世代每個人對健康的渴望與輕養生目標。

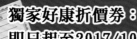

地址：　　　縣/市　　　　鄉/鎮/市/區　　　　路/街

　　　段　　巷　　弄　　號　　樓

廣 告 回 函
台北郵局登記證
台北廣字第2780號

三友圖書有限公司　收
SANYAU PUBLISHING CO., LTD.

106　　台北市安和路2段213號4樓

三友圖書
讀書俱樂部

購買《**排毒、紓壓、打造輕體質：128道清爽料理，徹底淨化身體**》的讀者有福啦！只要詳細填寫背面問券，並寄回三友圖書，即有機會獲得「樸優樂活」獨家贊助好禮！

「樸優樂活 ——
　100% 黃金亞麻仁籽粉」乙份
　市價 329 元（共 3 名）

活動期限至 2017 年 11 月 10 日止
詳情請見回函內容
本回函影印無效

四塊玉文創╳橘子文化╳食為天文創╳旗林文化
http://www.ju-zi.com.tw
https://www.facebook.com/comehomelife

親愛的讀者：

感謝您購買《排毒、紓壓、打造輕體質：128道清爽料理，徹底淨化身體》一書，為回饋您對本書的支持與愛護，只要填妥本回函，並於2017年11月10日前寄回本社（以郵戳為憑），即有機會參加抽獎活動，得到「樸優樂活－100%黃金亞麻仁籽粉」乙份（共3名）。

姓名＿＿＿＿＿＿＿＿＿＿＿＿＿＿＿ 出生年月日＿＿＿＿＿＿＿＿＿＿＿＿＿＿＿＿＿＿＿

電話＿＿＿＿＿＿＿＿＿＿＿＿＿＿＿ E-mail＿＿＿＿＿＿＿＿＿＿＿＿＿＿＿＿＿＿＿＿＿＿＿

通訊地址＿＿

臉書帳號＿＿＿＿＿＿＿＿＿＿＿＿＿ 部落格名稱＿＿＿＿＿＿＿＿＿＿＿＿＿＿＿＿＿＿＿＿

1 年齡
□18歲以下 □19歲～25歲 □26歲～35歲 □36歲～45歲 □46歲～55歲
□56歲～65歲 □66歲～75歲 □76歲～85歲 □86歲以上

2 職業
□軍公教 □工 □商 □自由業 □服務業 □農林漁牧業 □家管 □學生
□其他＿＿＿＿＿＿＿

3 您從何處購得本書？
□網路書店 □博客來 □金石堂 □讀冊 □誠品 □其他＿＿＿＿＿＿＿
□實體書店＿＿＿＿＿＿＿

4 您從何處得知本書？
□網路書店 □博客來 □金石堂 □讀冊 □誠品 □其他＿＿＿＿＿＿＿
□實體書店＿＿＿＿＿＿＿＿＿＿＿＿＿ □FB(三友圖書-微胖男女編輯社)
□三友圖書電子報 □好好刊(雙月刊) □朋友推薦 □廣播媒體＿＿＿＿＿＿＿

5 您購買本書的因素有哪些？（可複選）
□作者 □內容 □圖片 □版面編排 □其他＿＿＿＿＿＿＿

6 您覺得本書的封面設計如何？
□非常滿意 □滿意 □普通 □很差 □其他＿＿＿＿＿＿＿

7 非常感謝您購買此書，您還對哪些主題有興趣？（可複選）
□中西食譜 □點心烘焙 □飲品類 □旅遊 □養生保健 □瘦身美妝 □手作 □寵物
□商業理財 □心靈療癒 □小說 □其他＿＿＿＿＿＿＿＿＿＿＿＿＿＿＿

8 您每個月的購書預算為多少金額？
□1,000元以下 □1,001～2,000元 □2,001～3,000元 □3,001～4,000元
□4,001～5,000元 □5,001元以上

9 若出版的書籍搭配贈品活動，您比較喜歡哪一類型的贈品？(可選2種)
□食品調味類 □鍋具類 □家電用品類 □書籍類 □生活用品類 □DIY手作類
□交通票券類 □展演活動票券類 □其他＿＿＿＿＿＿＿

10 您認為本書尚需改進之處？以及對我們的意見？
＿＿

**感謝您的填寫，
您寶貴的建議是我們進步的動力！**

本回函得獎名單公布相關資訊
得獎名單抽出日期：2017年12月1日

得獎名單公布於：
臉書「三友圖書-微胖男女編輯社」：https://www.facebook.com/comehomelife/
痞客邦「三友圖書-微胖男女編輯社」：http://sanyau888.pixnet.net/blog